广东省水利科技创新项目成果

大型水资源配置工程建设管理模式研究

严振瑞　王卓甫　杜灿阳　吕建明◎著

DAXING
SHUIZIYUAN PEIZHI GONGCHENG
JIANSHE GUANLI MOSHI YANJIU

河海大学出版社
HOHAI UNIVERSITY PRESS
·南京·

内容提要

大型水资源配置工程沿线分布，经常涉及多个市、县(区)，甚至跨省级行政区划，并且大多具有准公益的经济属性，其中如何科学构建建设管理模式为学术界和工程界所关心。本书共分7章，在工程项目建设管理模式相关研究系统综述、国内多个大型水资源配置工程建设管理实践分析的基础上，研究了大型水资源配置工程项目风险分配、工程项目顶层治理、工程建设管理组织设计和工程建设智慧化管理体系设计等关键科学问题，最后提出了研究结论和建议，以期为大型水资源配置工程建设管理提供参考。

图书在版编目(CIP)数据

大型水资源配置工程建设管理模式研究／严振瑞等著． -- 南京：河海大学出版社，2022.9
 ISBN 978-7-5630-7637-6

Ⅰ.①大… Ⅱ.①严… Ⅲ.①珠江三角洲－水资源管理－资源配置－研究 Ⅳ.①TV213.4

中国版本图书馆 CIP 数据核字(2022)第 179090 号

书　　名	大型水资源配置工程建设管理模式研究
书　　号	ISBN 978-7-5630-7637-6
责任编辑	龚　俊
特约编辑	梁顺弟
特约校对	丁寿萍
封面设计	徐娟娟
出版发行	河海大学出版社
地　　址	南京市西康路1号(邮编：210098)
电　　话	(025)83737852(总编室)　(025)83722833(营销部)
经　　销	江苏省新华发行集团有限公司
排　　版	南京布克文化发展有限公司
印　　刷	苏州市古得堡数码印刷有限公司
开　　本	700 毫米×1000 毫米　1/16
印　　张	11
字　　数	214 千字
版　　次	2022 年 9 月第 1 版
印　　次	2022 年 9 月第 1 次印刷
定　　价	68.00 元

前言

南粤大地的广东省属热带和亚热带季风气候区,地处低纬度,面临广阔的海洋,直接接受来自印度洋孟加拉湾及太平洋水汽的输入,气候温暖湿润,降水量较为丰富。据2019年广东省水资源公报,全省平均年降水量为1 993.6 mm。但全省水资源时空分布不均,夏秋季易洪涝,冬春季常干旱。沿海台地和低丘陵区不利蓄水、缺水现象突出,尤以粤西的雷州半岛最为典型。为保障经济社会的用水需求,采取工程措施,科学合理配置水资源是人们的一种必然选择。

20世纪60年代,党中央为解决香港同胞饮水困难问题,决定从东江引水,兴建东深供水工程。该工程兼顾深圳以及沿线东莞居民生活、生产用水问题,从20世纪70年代到香港回归祖国前,先后进行了3次大规模扩建,其供水能力也从最初的年供水量0.68亿 m^3 增至17.43亿 m^3。21世纪初,为彻底解决该工程供水的水质和水量问题,广东省又投资49亿元,对东深供水工程进行全面改造,即东深供水改造工程,将供水系统由原来的天然河道和人工渠道相结合的输水系统改造为封闭的专用输水系统。东深供水改造工程建设取得巨大成功,曾获国家优质工程奖(鲁班奖)、广东省科技进步特等奖等奖项。2021年,中宣部授予东深供水工程建设者群体"时代楷模"称号。

随着广东省经济社会发展进入新时代,东莞、深圳,广州市南沙区等地水资源的保障需求增加,特别是2018年党中央提出粤港澳大湾区发展规划后,意味着水资源的保障形势将更加严峻。因此,广东省决定建设从西江引水的珠江三角洲水资源配置工程,并于2018年获得国家批准,2019年7月正式开工建设。该工程由1条干线、2条分支线、1条支线以及3座泵站和4座调蓄水库组成,全长113.2 km,概算总投资354亿元,建设总工期60个月,年设计供水量17.08亿 m^3。

此外,粤西和粤东水资源配置工程的前期工作也在紧锣密鼓展开,并列入"十四五"开工计划。为解决湛江、茂名和阳江水资源供需矛盾突出、缺水量较大以及地区生活和工业用水问题,拟开工建设环北部湾广东水资源配置工程。该工程由水源、输水干线、输水分干线组成,全长 494.7 km,泵站 6 座,总装机容量为 394.6 MW,估算工程总投资为 510 亿元。粤东地区人多水少,且存在水资源时空分布不均的矛盾,故拟开工建设粤东水资源优化配置工程。该工程在基本建成的韩江鹿湖隧洞引水工程和榕江关埠引水工程的基础上,实施三江连通工程全封闭改造,包含古巷分水口至关埠取水口封闭管道、关埠引水工程出水口至汕尾龙潭水库输水管道、潮阳分干线、潮南分干线、惠来分干线、螺河到公平水库输水管道,韩江鹿湖取水口加压泵站,线路长 153 km,概算投资 156 亿元;推进龙颈水库扩建工程、龙颈水库输水管道工程、龙颈水库补水泵站,概算投资 150 亿元。

广东省虽有成功建设东深供水工程的经验,但在新时代形成的经济社会发展新格局环境下,并针对大型水资源配置工程的特点,如何进一步优化工程建设管理模式,这是值得研究的课题。因此,广东省水利厅专门设立课题并开展研究,为高效、高质量建设大型水资源配置工程提供支撑。

本书为广东省水利科技创新重点项目(2020—03)成果之一,同时也受到国家社会科学基金(19FJYB004)的资助。本书主要介绍大型水资源配置工程建设管理的 4 个方面关键问题的研究成果。

(1) 大型水资源配置工程项目风险分配研究。在传统工程项目承发包风险分配分析的基础上,重点研究了"政府-企业"合作项目风险分配与再分配,提出了相应的分配方案或机制。

(2) 大型水资源配置工程项目顶层治理研究。在大型水资源配置工程项目相关方与治理问题分层的基础上,基于融合代理-管家理论,重点研究了项目顶层治理机制及其优化策略。

(3) 大型水资源配置工程建设管理组织设计研究。在研究项目法人方管理组织结构常见形式与优化选择的基础上,提出项目法人/项目公司内设管理职能部门划分、下设现场管理机构设计的方法。

(4) 大型水资源配置工程建设智慧化管理体系设计研究。研究构建了智慧化管理体系结构,并自底向上从工程建设数据集成、工程建设立体感知、工程建设数据智能分析、工程建设智慧化管理应用等方面解决问题。

本书除在书中署名著者外,参与编写工作的还有徐洪军、丁继勇和张兆波等。本书在编写中借鉴了国内外许多学者的成果,在此表示谢意。本书内容虽经编写团队近 2 年努力,但限于编写者学识,难免存在疏漏或不当,敬请读者斧正。

著者
2021 年 12 月

目录

绪论 ·· 1
  0.1 我国和广东省水资源分布现状 ·· 1
    0.1.1 我国水资源分布现状 ··· 1
    0.1.2 广东省水资源分布现状 ··· 2
  0.2 大型水资源配置工程建设与效益 ·· 3
    0.2.1 案例一：南水北调工程 ··· 3
    0.2.2 案例二：东江—深圳供水工程 ····································· 4
  0.3 大型水资源配置工程建设管理模式及其创新发展 ···························· 5
    0.3.1 大型水资源配置工程及其特点 ····································· 5
    0.3.2 大型水资源配置工程建设管理模式 ································· 8
    0.3.3 大型水资源配置工程建设管理模式的创新路径 ······················· 9
  参考文献 ·· 11

第1章 国内外相关研究 ·· 12
  1.1 大型水资源配置工程建设管理模式内涵相关研究 ·························· 12
    1.1.1 工程、项目内涵研究现状 ·· 12
    1.1.2 管理及工程建设/项目管理研究的拓展 ····························· 13
    1.1.3 工程建设/项目管理模式的内涵 ··································· 14
  1.2 大型工程建设与运行风险分配研究 ······································ 14
    1.2.1 工程建设/项目风险及其管理问题研究 ····························· 14
    1.2.2 工程发包方与承包方之间的风险分配 ······························ 14
    1.2.3 PPP项目的风险分配研究 ·· 15
  1.3 大型工程项目顶层治理研究 ·· 17

1.3.1　治理与项目治理研究 ………………………………………… 17
　　　1.3.2　项目交易治理 …………………………………………………… 18
　　　1.3.3　项目顶层治理 …………………………………………………… 18
　1.4　大型工程项目建设管理组织结构模式研究 ………………………………… 19
　　　1.4.1　基于项目与组织/企业关系的项目分类研究 …………………… 19
　　　1.4.2　Ⅱ型项目组织结构研究 ………………………………………… 19
　　　1.4.3　Ⅰ型项目组织结构研究 ………………………………………… 19
　1.5　大型工程建设管理智慧化相关研究 ………………………………………… 20
　　　1.5.1　工程数据的采集、集成研究 …………………………………… 20
　　　1.5.2　工程数据感知研究 ……………………………………………… 21
　　　1.5.3　工程数据分析挖掘研究 ………………………………………… 22
　　　1.5.4　工程大数据管理平台研究 ……………………………………… 22
　参考文献 ……………………………………………………………………………… 23

第2章　国内大型水资源配置工程建设管理实践分析 ……………………… 30
　2.1　珊溪水利枢纽工程建设管理实践分析 ……………………………………… 30
　　　2.1.1　工程及其征地移民概况 ………………………………………… 30
　　　2.1.2　工程投资方与项目法人 ………………………………………… 31
　　　2.1.3　工程建设组织 …………………………………………………… 32
　　　2.1.4　工程建设管理特色分析 ………………………………………… 33
　2.2　东深供水改造工程建设管理实践分析 ……………………………………… 34
　　　2.2.1　工程概况及其项目法人 ………………………………………… 34
　　　2.2.2　项目法人主要职责与承担的工程风险 ………………………… 35
　　　2.2.3　工程建设组织 …………………………………………………… 36
　　　2.2.4　工程建设管理特色与成效 ……………………………………… 38
　2.3　南水北调东线(江苏段)工程建设管理实践分析 …………………………… 39
　　　2.3.1　工程概况与项目顶层治理 ……………………………………… 39
　　　2.3.2　工程建设组织 …………………………………………………… 40
　　　2.3.3　工程建设管理主要特色 ………………………………………… 46
　2.4　珠江三角洲水资源配置工程建设管理实践分析 …………………………… 46
　　　2.4.1　工程概况与项目顶层治理结构 ………………………………… 46
　　　2.4.2　工程建设组织 …………………………………………………… 47
　　　2.4.3　工程建设管理主要特色 ………………………………………… 49
　2.5　大型水资源配置工程建设管理经验与优化的探讨 ………………………… 49

    2.5.1 建设管理的主要经验 ··· 50
    2.5.2 建设管理优化空间 ··· 51
  2.6 本章小结 ·· 53
  参考文献 ·· 54

第3章 大型水资源配置工程项目风险分配研究 ·· 55
  3.1 建设工程实施/交易特点分析 ·· 55
    3.1.1 建设工程实施/交易的共性 ··· 55
    3.1.2 大型水资源配置工程实施/交易的特殊性分析 ······················· 57
  3.2 传统建设工程交易方式下风险分配研究 ·· 58
    3.2.1 DBB方式下项目风险分配 ··· 58
    3.2.2 DB/EPC方式下项目风险合理分配 ······································· 59
  3.3 政府与企业合作项目风险分配与再分配研究 ···································· 62
    3.3.1 大型水资源配置工程的政府与企业合作及其风险 ·················· 62
    3.3.2 政府与企业合作项目风险的责任与风险分配 ························ 63
    3.3.3 政府与企业合作项目风险初始分配 ······································ 66
    3.3.4 政府与企业合作项目风险再分配 ··· 68
  3.4 本章小结 ·· 72
  参考文献 ·· 74

第4章 大型水资源配置工程项目顶层治理研究 ·· 76
  4.1 大型水资源配置工程项目相关方与治理问题分层 ···························· 76
    4.1.1 大型水资源配置工程项目相关方 ··· 76
    4.1.2 大型水资源配置工程项目治理问题分层 ······························ 79
  4.2 大型水资源配置工程项目顶层治理结构设计研究 ···························· 81
    4.2.1 项目典型顶层治理结构分析 ·· 81
    4.2.2 项目典型顶层治理结构特点 ·· 88
    4.2.3 项目顶层治理结构设计影响因素 ··· 89
    4.2.4 项目顶层治理结构设计方法 ·· 90
  4.3 大型水资源配置工程项目顶层治理机制研究 ···································· 96
    4.3.1 项目顶层治理的特点 ·· 96
    4.3.2 代理理论或管家理论单一应用的局限性与融合纽带 ·············· 97
    4.3.3 融合代理-管家理论的项目顶层治理机制优化 ····················· 99
  4.4 大型水资源配置工程项目顶层治理机制优化策略 ·························· 103

  4.4.1　项目顶层治理机制分类 ………………………………… 103
  4.4.2　项目顶层治理通用机制 ………………………………… 104
  4.4.3　项目顶层治理差别化机制 ……………………………… 105
 4.5　案例：环北部湾广东水资源配置工程顶层治理设计 ………… 106
  4.5.1　环北部湾广东水资源配置工程简介 …………………… 106
  4.5.2　环北部湾广东水资源配置工程项目顶层治理组织结构设计 …
                     109
  4.5.3　环北部湾广东水资源配置工程项目顶层治理机制设计 … 111
 4.6　本章小结 ………………………………………………………… 111
 参考文献 ………………………………………………………………… 112

第5章　大型水资源配置工程建设管理组织设计研究 ………………… 115
 5.1　管理组织与大型水资源配置工程建设 ………………………… 115
  5.1.1　管理组织基本理论 ……………………………………… 115
  5.1.2　典型大型水资源配置工程建设管理组织 ……………… 117
 5.2　项目法人方项目管理组织设计研究 …………………………… 123
  5.2.1　项目法人方管理组织结构常见形式与选择 …………… 123
  5.2.2　大型水资源配置工程项目管理特点与组织分层设置 … 125
  5.2.3　内设管理职能部门划分 ………………………………… 126
  5.2.4　下设现场管理机构安排 ………………………………… 131
  5.2.5　项目管理信息平台建设 ………………………………… 134
 5.3　环北部湾广东水资源配置工程管理组织结构设计 …………… 134
  5.3.1　工程概况与项目管理组织 ……………………………… 134
  5.3.2　环北部湾广东水资源配置工程项目法人管理职能部门设置 …
                     134
  5.3.3　环北部湾广东水资源配置工程现场管理机构设置 …… 135
 5.4　本章小结 ………………………………………………………… 136
 参考文献 ………………………………………………………………… 137

第6章　大型水资源配置工程建设智慧化管理体系设计研究 ………… 138
 6.1　总体体系结构设计 ……………………………………………… 138
  6.1.1　主要挑战 ………………………………………………… 138
  6.1.2　总体体系结构 …………………………………………… 138
 6.2　工程建设数据集成 ……………………………………………… 140

  6.2.1 工程建设数据规划 …………………………………… 140
  6.2.2 工程建设数据采集 …………………………………… 141
  6.2.3 工程建设数据治理 …………………………………… 142
  6.2.4 工程建设数据服务 …………………………………… 143
 6.3 工程建设立体感知 ……………………………………………… 144
  6.3.1 基于BIM+GIS的工程建设态势感知…………………… 144
  6.3.2 基于虚拟现实的工程建设现场感知 ………………… 147
  6.3.3 基于无人机的工程建设现场感知 …………………… 147
 6.4 工程建设数据智能分析 ………………………………………… 149
  6.4.1 工程建设时序数据智能分析 ………………………… 149
  6.4.2 工程建设影像数据智能分析 ………………………… 150
  6.4.3 工程建设时空轨迹数据智能分析 …………………… 152
  6.4.4 工程建设文本及表格数据智能分析 ………………… 152
  6.4.5 多模态数据关联分析 ………………………………… 153
 6.5 工程建设智慧化管理系统应用 ………………………………… 157
  6.5.1 基于BIM+GIS的工程建设全局展示…………………… 157
  6.5.2 项目管理 ……………………………………………… 157
  6.5.3 智慧监管 ……………………………………………… 158
  6.5.4 征地移民管理 ………………………………………… 160
  6.5.5 安全监测 ……………………………………………… 160
  6.5.6 质量检测 ……………………………………………… 161
  6.5.7 水保监测 ……………………………………………… 161
  6.5.8 环保监测 ……………………………………………… 161
 6.6 本章小结 ………………………………………………………… 162
 参考文献 ……………………………………………………………… 162

第7章 结论与建议 …………………………………………………… 163
 7.1 结论 ……………………………………………………………… 163
  7.1.1 主要结论与创新 ……………………………………… 163
  7.1.2 主要创新点 …………………………………………… 165
 7.2 主要建议 ………………………………………………………… 165

绪论

0.1 我国和广东省水资源分布现状

0.1.1 我国水资源分布现状

水资源主要来自大气降水，我国水资源总量较为丰富，量居世界第 6 位。但是我国人口众多，人均占有水量仅有 2 300 m³，不足世界人均占有水量的四分之一，列世界第 110 位，已被联合国列为 13 个贫水国家之一。不仅如此，我国水资源时空分布不均匀，淮河流域及其以北地区的国土面积占全国的 63.5%，但水资源仅占全国总量的 19%；长江流域及其以南地区集中了全国水资源量的 81%，而该区耕地面积仅占全国的 36.5%，由此形成了南方水多、耕地少、水量有余，北方耕地多、水量不足的局面。此外，水资源的年内、年际分配严重不均，大部分地区 60%~80% 的降水量集中在夏秋汛期，洪涝干旱灾害频繁。

据中国水资源公报，2019 年，全国平均年降水量 651.3 mm，比多年平均值偏多 1.4%，比 2018 年减少 4.6%。全国水资源总量 29 041.0 亿 m³，比多年平均值偏多 4.8%。其中，地表水资源量为 27 993.3 亿 m³，地下水资源量为 8 191.5 亿 m³，地下水与地表水资源不重复量为 1 047.7 亿 m³。

上述数据表明，我国水资源数量不足，而且在一年四季的时间上，以及在南北和东西的空间分布上还十分不均衡。近几年水资源情况变化也不大。

随着我国工业化的发展，在发展优先的导向下，水资源质量不断下降，水生态和水环境持续恶化，水体污染导致农业减产，人们的身体健康受到严重威胁，而且造成了不良的社会影响和较大的经济损失，严重地威胁了社会的可持续发展和人类生存。"八五"期间水利部组织有关部门完成了《中国水资源质量评价》，其结果表明，我国北方 5 省（区）（新疆、甘肃、青海、宁夏、内蒙古）和海河流域地下水资源，无论是农村（包括牧区）还是城市，浅层水或深层水均遭到不同程度的污染。其中北方5省(区)中,有一半城市的地下水受到严重污染,至于海河流域,地下水污染状况更是令人触目惊心。

"十三五"期间,我国对生态环境质量变化的监测研究表明,地表水环境质量持续改善,全国地表水水质由轻度污染转为良好,主要污染指标浓度逐年下降。但仍有部分河流污染较重,近20%的断面水质存在污染,部分湖库富营养化情况较为突出,水环境质量根本改善依然任重道远。国家级地下水水质监点以Ⅳ类水质为主,地下水环境质量形势严峻;农村饮用水源地和地表水水质均受到不同程度污染,农村生态质量以一般和良为主;较差和差的县国土面积占全国国土面积近三分之一,部分区域生态依然脆弱[1]。

0.1.2 广东省水资源分布现状

广东省属热带和亚热带季风气候区,地处低纬度,面临广阔的海洋,直接接受来自印度洋孟加拉湾及太平洋水汽输入,气候温暖湿润,降水量比较丰富。降雨特点是雨季长、雨量多、强度大、覆盖范围广。全省多年平均降水量1 789.3 mm,折合年均降水总量3 145亿 m³。降水时程和地区上分布不均,年内降水主要集中在汛期4—10月,占全年降水量的75%~95%;年际之间相差较大,全省最大年降水量是最小年的1.84倍,个别地区甚至达到3倍。全省多年平均水资源总量1 830亿 m³,其中地表水资源量1 820亿 m³,地下水资源量450亿 m³,地表水与地下水重复计算量440亿 m³。除省内产水量外,还有来自珠江、韩江等上游从邻省入境水量2 361亿 m³。全省水能资源理论蕴藏量1 137.2万 kW,技术可开发量859.45万 kW。此外,全省还有温泉300多处,日总流量9万 t;饮用天然矿泉水145处,探明可采用储量全国第一。

据广东省水资源公报,2019年,全省平均年降水量1 993.6 mm,较上年和常年分别偏多8.2%和12.6%,属偏丰水年。全省降水呈现时空分布不均的特点。在空间分布上,沿海和珠江三角洲部分地区年降水量大于内陆地区。在时间分布上,汛期(4—9月)降水量1 672.8 mm,比常年多19.1%;前汛期(4—6月)降水量983.7 mm,比常年偏多27.6%,后汛期(7—9月)降水量689.1 mm,比常年偏多8.8%。全省水资源总量2 068.2亿 m³,较上年和常年分别偏多9.1%和13.0%,其中,地表水资源量2 058.3亿 m³,折合年径流深1 159.1 mm,较上年和常年分别偏多9.2%和13.1%;地下水资源量508.2亿 m³,较上年和常年分别偏多10.3%和13.0%。粤港澳大湾区中的9市(包括广州、深圳、珠海、佛山、惠州、东莞、中山、江门、肇庆)水资源总量675.8亿 m³,较上年和常年分别偏多5.3%和17.8%。与上年比,除西江、湘江、粤西诸河水量分别偏少0.2%、6.2%、13.2%外,其余各流域水量偏多0.9%~31.2%,其中韩江水量增幅最大;与常年比,各流域水量均偏多,分别多 0.1%~24.8%。

广东省水资源时空分布不均,夏秋易洪涝,冬春常干旱。沿海台地和低丘陵区不利蓄水、缺水现象突出,尤以粤西的雷州半岛最为典型。不少河流中下游河段由于城市污水排放造成污染,存在水质性缺水问题。

0.2 大型水资源配置工程建设与效益

习近平总书记提出"节水优先、空间均衡、系统治理、两手发力"的新时代治水方针。如何遵照习近平总书记的治水方针,解决"空间均衡"问题? 国内外研究和实践表明,在讲究节约用水的基础上,解决这一问题的唯一办法是工程措施,即专门建设水资源配置工程,将水资源从相对丰富的区域输送到短缺的地区,这将产生明显的社会效益,包括保障用水安全、生态和环境安全。国内最成功的案例为南水北调工程和东江—深圳供水工程。

0.2.1 案例一:南水北调工程

0.2.1.1 南水北调工程建设

1952 年,毛泽东主席在视察黄河时提出:"南方水多,北方水少,如有可能,借点水来也是可以的。"这是南水北调的宏伟构想首次被提出。

1958 年 8 月,党中央在《中共中央关于水利工作的指示》中第一次正式提出南水北调设想;1959 年,中科院、水电部在北京召开了"西部地区南水北调考察研究工作会议",确定南水北调指导方针是:"蓄调兼施,综合利用,统筹兼顾,南北两利,以有济无,以多补少,使水尽其用,地尽其利。"1979 年,全国人大五届一次会议通过的《政府工作报告》正式提出:"兴建把长江水引到黄河以北的南水北调工程。"

1995 年 12 月,南水北调工程开始全面论证;2002 年 12 月,国务院正式批复《南水北调工程总体规划》。该规划将南水北调工程总体定格为西、中、东 3 条线路,分别从长江流域上、中、下游调水。

2003 年 12 月南水北调工程正式开工。2013 年 8 月,南水北调东线(一期)工程通过全线通水验收,工程具备通水条件;2014 年 9 月,南水北调中线工程(一期)通过全线通水验收,具备通水条件;同年 12 月南水北调中线工程(一期)正式通水运行。

0.2.1.2 南水北调工程效益

南水北调工程中、东线(一期)工程先后于 2013 年和 2014 年建成通水,多年运营实践表明,工程全面实现建设功能目标,有效地缓解了我国北方,特别京津冀地区水资源短缺、水质低下、水生态环境恶化的局面。

其中,在南水北调中线工程(一期)通水6周年之际,累计供水342.04亿 m³,惠及沿线24个大中城市及130多个县,直接受益人口超过6 700万人;2020年生态补水24.03亿 m³,完成华北地区地下水超采生态补水年度计划的136.8%,累计生态补水49.46亿 m³;北上汉水水质稳定保持在Ⅱ类及以上,全年水污染事件发生率为零[2]。

南水北调工程中、东线(一期)工程的通水运行,有效缓解了北方地区水资源短缺困局,经济、社会、生态效益显著,有力支撑了受水区和水源区经济社会发展,促进了生态文明建设,提升了沿线人民群众的幸福感、获得感。

0.2.2 案例二:东江—深圳供水工程

0.2.2.1 东江—深圳供水工程建设

广东省大型水资源配置工程建设在全国起步较早。香港三面环海,但淡水资源奇缺。1963年,香港遭遇百年不遇的严重干旱,不得不对市民限制供水,每4天供水1次,每次供水4 h,全香港350万市民生活陷入困境。当年年底,周恩来总理亲自批示,中央财政拨款3 800万元,建设东江—深圳供水工程(简称东深供水工程),引东江之水缓解香港同胞用水困难。1964年2月20日,东深供水工程全线开工。工程的关键是如何将发源于深圳大脑壳山的石马河引水香港,需要将由南向北流入东江的水位提高46 m,使之倒流83 km进入深圳水库。为了让香港同胞早日喝上东江水,由知青、农民组成的万人建设大军在昔日宁静的石马河一字形摆开,喊出了"要高山低头、让河水倒流"的豪迈口号。他们克服了施工过程中的重重困难,甚至用肩挑、人扛的方式施工,工程在短短1年时间内就建成通水。

为支撑香港、深圳和东莞三地经济的高速发展,从20世纪70年代到香港回归祖国前,东深供水工程先后进行了3次大规模的扩建,其供水能力也从最初的年供水0.68亿 m³增至17.43亿 m³。

为彻底解决东深供水工程沿线未经处理的污水流入供水水道、影响供水水质的问题,同时适当增加供水水量。2000年,广东省投资49亿元,对东深供水工程进行全面改造,将供水系统由原来的天然河道和人工渠道输水改造为封闭的专用管道输水,实现清污分流。工程于2003年6月28日完工通水,年设计供水量24.23亿 m³。该改造工程采用的关键技术和管理总体上达到国际先进水平,并于2003年至2004年先后获得"中国建设工程鲁班奖""中国土木工程詹天佑奖""中国水利工程优质(大禹)奖""全国优秀工程勘测设计奖""广东省科学技术奖特等奖"等多项荣誉,并与人民大会堂、南京长江大桥、长江三峡水利枢纽等一起入选中华人民共和国成立60周年百项"经典暨精品工程"。

0.2.2.2　东江—深圳供水工程效益

东深供水工程北起东莞桥头镇,南至深圳水库,主线绵延68 km,担负着香港、深圳以及工程沿线东莞8个镇三地2 400多万居民生活、生产用水重任,是党中央为解决香港同胞饮水困难而兴建的大型水资源配置工程,可谓香港同胞的生命水线。东深供水工程用50多年的坚守,见证了香港的繁荣稳定与深莞地区的加速发展。20世纪60年代,广东万人建设大军用肩挑、人扛方式为该工程建设艰苦奋斗;历经半世纪后,广东建设者用现代工程设备、技术和管理,为香港的繁荣发展又将工程彻底改造,包括精心设计和施工,将东深供水工程打造成了现代的一流工程。2021年4月21日,中宣部授予东深供水工程建设者群体"时代楷模"称号。

0.3　大型水资源配置工程建设管理模式及其创新发展

0.3.1　大型水资源配置工程及其特点

0.3.1.1　大型水资源配置工程

大型水资源配置工程是以输送水资源为任务的工程,属水利工程中的一种。其主要任务是从某水资源禀赋较为丰富地区将水输送至较为短缺的地区,以保证该地区的用水安全和水环境的改善。经多次扩建、改造的广东省东深供水工程在东莞桥头镇附近将广东省东江水输送至深圳、香港,是我国最早建成并交付使用的大型水资源配置工程之一。南水北调工程中、东线工程分别将湖北丹江口水库和江苏扬州江都附近长江之水送到华北地区,是目前我国已经建成、规模最大、跨流域的大型水资源配置工程。

"十三五"期间我国建成或正在开工建设一大批大型水资源配置工程,如已经建成的黔中水资源配置工程,即黔中水利枢纽工程,由水源工程、灌区工程、城市供水工程组成;正在建设中的滇中引水工程,为中国西南地区规模最大、投资最多的水资源配置工程,输水总干渠总长664.24 km,从水量相对充沛的金沙江干流引水至滇中地区,缓解滇中地区城镇生产生活用水矛盾,改善区内河道和湖泊生态及水环境状况,将有力促进云南经济社会可持续发展;珠江三角洲水资源配置工程是广东目前正在建设中的最大水利工程,其从广东佛山顺德西江引水,旨在解决东莞、深圳、广州南沙等地经济社会发展中用水安全问题,特别是可为粤港澳大湾区发展提供战略支撑。

"十四五"开局之际,150项大型水资源配置工程在论证或开工建设之中。

0.3.1.2 大型水资源配置工程的特点

（1）工程结构特点。大型水资源配置工程整体呈线状分布，干线短者上百千米，长者数百千米，甚至上千千米；建筑物类型多，常包括输水渠道、渡槽、隧洞、泵站等。

（2）建设环境特点。与其他水利工程相比，大型水资源配置工程总体建设环境复杂，主要在于输水线路一旦确定，无论多复杂的地质条件、征地拆迁、交通运输障碍等均要面对，其应对情况十分复杂，成本高昂。

（3）影响范围广、利益相关方多。大型水资源配置工程一般会跨市区甚至跨省级地区，平衡各方利益关系的任务重、协调工作量大。

（4）建设管理组织结构具有特殊性。大型水资源配置工程呈线状分布，对项目法人而言，项目管理需分两个层次，即在一般项目法人管理组织机构设置的基础上，有必要增加设置现场管理机构。

（5）运行管理中的不确定性问题需引起重视。大型水资源配置工程运行过程中，可引用的水以及各地区对用水的需求均存在不确定性。对运行管理者如何实现科学合理调度，即在充分发挥工程最大作用的同时，尽可能使各相关方满意，将面临着考验。

0.3.1.3 大型水资源配置工程分类

大型水资源配置工程根据其经济属性，可分为经营性、准经营性和公益性3类，我国已经建成和正在建设的典型大型水资源配置工程如表0-1所示。

表0-1 典型大型水资源配置工程

序号	工程名称	工程主要功能	状态	经济属性
1	广东省东江—深圳供水工程	工程主线绵延68 km，将广东东江之水输送至香港、深圳，以及沿线东莞8个镇，以保障所在地居民生产、生活用水；工程1964年开工建设，2003年完成第4次改造。	建成	经营性
2	浙江省温州赵山渡引水工程（珊溪水利枢纽工程）	源自珊溪水利枢纽工程，主干线绵延62.8 km，向温州市沿海多个区县水网自流供水，为农田灌溉和城市供水提供水源。工程1996年动工，2001年建成。	建成	准经营性
3	南水北调中线工程	目前国内最大水资源配置工程，水源自湖北丹江口水库，经1 277 km输水干渠，自流至河南、河北、北京、天津4省市，解决其水资源短缺问题，为沿线十几座大中城市提供生产生活和工农业用水。工程2001年开工，2014年建成通水。	建成	准经营性

续表

序号	工程名称	工程主要功能	状态	经济属性
4	南水北调东线工程	水源自长江江苏省扬州江都段,经提升送到山东、河北,向华北地区输送生产、生活和生态用水。工程2001年开工,2013年建成通水。	建成	准经营性
5	贵州省黔中水利枢纽工程	贵州省首个大型跨地区、跨流域长距离调水工程,由水源工程、灌区工程、城市供水工程组成,输水干渠总长148.12 km。工程2010年开工,2018年建成通水。	建成	准经营性
6	湖北省鄂北地区水资源配置工程	工程始于丹江口水库,自西北向东南方向穿越湖北襄阳市、枣阳市、随州市、广水市,止于孝感市大悟县王家冲水库,输水线路总长269 km,以城乡生活、工业供水和农业供水为主。	建成	准经营性
7	湖南省涔天河水库扩建工程灌区	工程设计灌溉面积111.46万亩[①],涉及江华、江永、道县、宁远4县,灌区新建干渠总长240.833 km,初步设计静态总投资31.69亿元,建设工期42个月,计划2022年通水。	在建	准经营性
8	广东省珠江三角洲水资源配置工程	输水线路起始西江干流鲤鱼洲终止广州南沙区高新沙水库、东莞市松木山水库、深圳市罗田水库和公明水库,输水线路总长度113.2 km,旨在解决深圳、东莞、广州南沙等地发展用水安全问题。工程2019年全面开工。	在建	经营性
9	引江济淮工程(安徽段)	引江济淮工程(安徽段)是一项以城乡供水和发展江淮航运为主,结合灌溉补水和改善巢湖及淮河水生态环境为主要任务的大型跨流域调水工程。自南向北分为引江济巢、江淮沟通、江水北送3段,输水线路总长723 km。工程2016年开工。	在建	准经营性
10	引江济淮工程(河南段)	该工程连接引江济淮工程(安徽段),供水范围涉及河南省商丘、周口8县2区,主要解决城乡供水、灌溉问题,以及改善生态环境。工程2019年开工。	在建	准经营性
11	四川省向家坝灌区工程(北)	该工程源自宜宾市叙州区金沙江河段,工程干渠总长122.68 km,涉及宜宾、自贡、内江、泸州4个设区市的12个区县,旨在解决这些地区的农业灌溉、城乡生活和工业供水问题。工程于2018年开工。	在建	准经营性
12	小浪底北岸灌区工程	该工程源自小浪底水库,灌区共建设渠系工程32条,总长325 km;涉及济源市和焦作市的沁阳市、孟州市、温县、武陟县5个市县,灌溉农田51.7万亩,为城镇工业生活供水1.12亿 m^3。工程于2019年开工。	在建	准经营性

7

续表

序号	工程名称	工程主要功能	状态	经济属性
13	云南省滇中引水工程	工程源自丽江市玉龙县石鼓镇旁的金沙江上,为西南地区规模最大的水资源配置工程,输水总干渠总长 664.24 km,跨越 6 个州市,旨在解决灌溉、生产生活用水问题和改善生态环境。工程于 2017 年开工。	在建	准经营性
14	陕西省引汉济渭工程	工程源自陕西汉中境内汉江上的黄金峡水库、汉江支流子午河三河口水库,经秦岭隧洞,将水通过南干线、过渭干线、渭北东干线和西干线,送至西安、咸阳、宝鸡、渭南 4 个重点城市及沿渭河两岸的 11 个县城作为生产生活用水。工程于 2014 年开工。	在建	准经营性

① 1 亩≈666.7 m²。

上述 14 个典型大型水资源配置工程,建设工期一般在 5~10 年之间。由于建设年代不同、建设地点不同,工程所在地经济发展程度不同,因而工程建设模式不同。即使同是引江济淮工程,安徽段和河南段的建设管理模式的差异也很大。其中,安徽段采用较为传统的资金筹措模式和项目实施模式,而河南段则采用 PPP 模式,并采用的是"两标并一标"的方式,即实行社会资本方招标与工程实施招标一体化。

0.3.2 大型水资源配置工程建设管理模式

0.3.2.1 管理模式

模式(model)是某种事物的标准形式或固定格式;管理模式(management model)则为一整套具体的管理理念、管理内容、管理工具、管理程序、管理制度和管理方法等组合的系统应用于组织,或组织在这一设定的系统的规定下运转。一般来说,不同类组织其管理模式不同;同类组织,在不同国家或不同地区,其管理模式会存在差异,即使同一组织,在不同发展阶段,其管理模式也在发展变化。因此,模式是指标准形式或固定格式,然而管理模式并不是一成不变的,相反,是发展变化的。

0.3.2.2 工程建设管理

工程建设管理为工程建设项目管理的简称,而工程建设项目既是一项以构建"人工自然"为目标的任务,也是由参与建造"人工自然"的相关方组成的临时组织。因而,工程建设管理即为这一临时性多边组织的管理。

在市场经济环境下,参与建造"人工自然"的相关方参与的临时多边组织包含项目法人(或项目公司)、工程承包方、工程咨询方(包括工程设计、监理)等,以合同为纽带构建,并呈"一对多"的结构形态,即以一个项目法人为中心,一个或多个工程承包方、工程咨询方参与的组织结构形态。显然,工程建设管理与一般企业管理存在较大差异。

此外,要注意到工程承包项目部、工程咨询/监理部一般并不是具有法人地位的组织,而仅是一个项目团队,其总是隶属某一企业,即总是某一企业的组成部分,代表企业履行职责。因而,对工程承包和咨询这类项目团队而言,总是面临着双重管理/代理的问题。

大型水资源配置工程一般属公共工程项目,政府在其中扮演重要角色,即大型水资源配置工程顶层包括政府和项目法人,并客观上为"政府主导+市场机制"的建设体制,即政府对工程立项、项目法人组建、工程实施重大问题决策负责,并对工程实施环境组织协调;而项目法人应用市场机制承担工程项目实施过程主要职责[3]。

0.3.2.3 工程建设管理模式

工程项目的最大特点之一是单件性,包括工程结构的单件性、工程建设位置的唯一性和工程建设环境的差异性,并进而导致工程建设管理组织、管理内容、管理制度和管理方法等的差异性。这就提出了设计工程建设管理模式的理念,即对某一工程建设项目,其粗略的管理模式是存在的,如基本建设程序:项目建议书编制→可研报告编制→初步设计→工程招标→工程施工→工程完工验收;市场经济环境下,项目实施的过程:工程交易规划→通过招标确定承包/咨询方→签订工程合同→边生产,边交易→合同项目验收。上述这些建设程序基本上是有规律的,并有固定的、标准化格式可以套用。但工程建设项目管理中的交易方案、承包/咨询方选择机制、工程交易过程的治理结构和治理机制等,不同工程可能差异较大,有必要与工程结构一样需要项目管理设计,要针对项目特点、管理环境、管理主体的特点,通过科学设计,提出优化的管理模式/方案。

0.3.3 大型水资源配置工程建设管理模式的创新路径

理论上讲,不同工程建设项目的管理模式需要系统设计,并提出相应的模式。但多年的工程实践表明,这要付出较高的成本,而完全可以采用"经验+设计/创新发展"的办法构建工程建设管理模式,即在借用已经取得成功的管理经验的同时,对关键管理节点创新发展,以满足构建与工程建设特点相适应的管理模式。

0.3.3.1 工程建设和运行风险分配问题

与其他工程相比,大型水资源配置工程的最大特点之一是建设和运行管理过程的不确定性。建设过程的不确定性主要来自工程呈线状分布,工程方案一旦确定后,复杂的工程地质条件、征地拆迁等问题难以避免,进而引起工程的不确定性或风险性,这些风险在工程发包方和承包方之间如何合理分配值得探讨。此外,在工程运行中,供水能力,以及由于气象、水文条件的不确定,能引发各受水方对水资源的需求均具有不确定性,如何合理分配这些不确定因素带来的风险也值得研究。

0.3.3.2 项目顶层治理结构与治理机制问题

项目顶层(政府与项目法人)治理问题,即项目顶层治理结构和治理机制如何构建?大型水资源配置工程一般为公共项目,而且大多属准公益类,实行的是"政府主导＋市场机制"建设管理体制,在这其中,政府负责项目立项决策、项目法人的组建和监管,以及项目实施中重大问题决策和建设环境协调,项目法人为工程项目实施的主要责任主体。其中,如何科学合理组建项目法人,项目建设实施过程的责任在政府与项目法人之间如何配置,项目实施中如何对项目法人进行考核激励、监督,这些均值得研究。

0.3.3.3 项目管理组织设计问题

大型水资源配置工程呈线状分布,短者数十千米,长者数百千米。若按水利枢纽工程管理方式设置管理组织结构,其管理成本将会较高。若参考南水北调工程,以及在建的一批重大水资源配置工程项目法人的管理组织模式,一般采用"双层"(项目法人总部与工程现场管理机构)管理组织方式,则在这"双层"中,项目法人总部管理职能部门如何划分,工程现场管理机构岗位如何设置,以及总部管理职能部门与现场管理机构岗位如何对接,这些问题均值得研究。

0.3.3.4 现代信息技术的应用问题

现代信息技术高速发展,正在改变着人们的生活方式,在工程建设领域也不例外。GIS、BIM、5G、大数据等技术的发展,也正在改变建设领域的管理方式。如何在工程建设中充分应用好这些先进的信息技术,促进建设项目管理/治理能力的提升,并实现工程建设的数字化/智慧化,这是当下建设管理领域研究的重要议题。如何根据大型水资源配置工程的特点,系统构建项目数字化/智慧化管理平台,促进其数字化/智慧化管理站在重大工程建设前列,对工程影响范围内经济社会的发展均有重要意义。

本书针对上述4方面问题,开展了系统分析研究,期望解决大型水资源配置工程建设管理的瓶颈问题,为促进其高质量发展提供支持。

参考文献

[1] 张凤英,周密,李一龙,等."十三五"期间中国生态环境质量变化特征[J]. 中国环境监测,2021,37(3):1-8.

[2] 贾茜,蒲双. 清水永续通南北六载坚守破浪行[N]. 人民长江报,2020-12-12(5).

[3] 水利部. 水利工程建设项目法人管理指导意见(水建设〔2020〕258号)[S]. 北京:水利部,2020.

第1章

国内外相关研究

大型水资源配置工程影响范围广,建设周期长,不确定影响因素多,围绕其建设管理风险、项目顶层治理、项目法人管理组织结构,以及近10年才兴起的智慧/数字建造等相关研究也在不断开展。

1.1 大型水资源配置工程建设管理模式内涵相关研究

1.1.1 工程、项目内涵研究现状

(1)工程。许多学者将工程定义为一种活动,是人们为达到特定目标而进行的一种活动[1]。《辞海》(2009年版)等相关文献,将工程的内涵归纳为以下3个方面:①人们将自然科学的原理应用到工农业生产各部门中去,从而形成的各学科的总称,即工程(engineering),如土木工程、生物工程、软件工程等。②人们为满足经济社会发展需要,有效地利用资源而开展的造物(人工自然物)活动,并得到了人工自然物,即建筑物(building),如住宅小区、摩天大楼、高速公路、水电站等。值得关注的是,这种人工自然物的出现,一般对所在地的自然环境产生影响,即在一定范围内形成了新的人工自然。③指为实现特定目标,或提供特定产品或成果,科学投入人力物力而开展的一次性工作或做出的临时努力,即为项目。如"希望工程",是共青团中央、中国青少年发展基金会于1989年发起,以救助贫困地区失学少年儿童为目的的一项公益事业,其宗旨是建设希望小学,资助贫困地区失学儿童重返校园,改善农村办学条件。显然,本书中所述工程是指用于水资源配置的人工自然物,即建筑物。

(2)项目。美国项目管理协会(PMI)在《项目管理知识体系指南》(PM-

BOK)中将项目视为为创造独特的产品、服务或成果而进行的临时性任务[2,3]。Winch 认为,项目是以合同为纽带的临时性多边组织(temporary multi-organization)[4];Turner 认为,项目是一个临时组织(temporary organization),为了实现有益的变革目标,它被赋予资源,从事一项独特、新颖和临时的活动来管理内在不确定和整合的需求[5]。Kaixun 等将项目分为Ⅰ型项目和Ⅱ型项目 2 类,Ⅰ型项目处于企业之外、市场之中,项目的发起者是项目实施企业外部实体:客户[6]。因此,在本书中可将工程项目定义为:一个临时组织为构造人工自然物/建筑物而开展的活动。显然,在项目法人/发包方视角下,工程项目属Ⅰ型项目,而在工程承包方视角下,所承包的工程则属Ⅱ型项目。

1.1.2 管理及工程建设/项目管理研究的拓展

(1) 管理。较早的管理(administration)是指应用科学的手段组织社会活动,使其有序进行。自从被称为科学管理之父的泰勒(Taylor)在 1911 年提出《科学管理原理》后,管理更多用"management"一词,其核心是如何提高组织/企业的劳动生产率,相关研究也大力发展[7]。显然,对现代管理的概念主要应用于企业/组织内的生产活动之中。

(2) 建设/项目管理。项目管理的概念较早就被提出,并出现多种学派,荷兰学者 Turner 将其归纳为 8 个学派[8]。其中,系统学派理论占主导地位,Cleland and King 被认为是这一学派最有影响力的代表[9]。美国项目管理协会的 PMBOK[2],其理论和方法体系主要源自该学派。事实上,该知识体系是基于Ⅱ型项目发展起来的,其主要内容并没有涉及"组织/企业间""交易"等概念。直到科斯(Coase)的《企业的性质》发表,促进了经济学中交易成本理论的迅猛发展;20 世纪中叶后,博弈论、信息经济学等理论和方法也有重大突破;新制度经济学发展成为崭新的经济学分支。在这些背景下,项目管理研究视角开始转移到Ⅰ型项目,并开始应用新制度经济学相关理论来思考Ⅰ型项目的管理问题,发现传统项目管理理论在多种场合已不适用于Ⅰ型项目的"管理"。

(3) 建设/项目管理的拓展——项目治理的提出。80 多年前,随着股份公司的发展、股权的分散以及企业所有权和经营权的分离,主导企业乃至经济社会的权力逐步由股东转移至经理阶层,即出现了"经理革命"现象,但直到 20 世纪 80 年代初进一步出现公司重组浪潮,公司由谁控制的问题凸显,公司治理的问题才受到经济学家们重视,并提出了公司治理的概念[10];此外,1975 年著名经济学家威廉姆森(Williamson)在研究交易成本经济学时提出了"治理结构"的概念。在这两方面促进下,项目治理的概念在 20 世纪末应运而生。

1.1.3 工程建设/项目管理模式的内涵

对模式（model）的认识，学者们对其的定义并不十分统一，而陈世清的研究发现，大多学者认为模式是主体行为的一般方式，包括科学实验模式、经济发展模式、企业盈利模式等，是理论和实践之间的中介环节，具有一般性、简单性、重复性、结构性、稳定性、可操作性的特征[11]。根据这一对模式的定义，本书中的建设管理模式又可进一步分解为风险分配模式、项目治理结构模式、项目顶层治理模式、项目管理组织结构模式等。

1.2 大型工程建设与运行风险分配研究

大型水资源配置工程一般由政府主导，包括政府参与投资、立项审批与对建设过程重大问题决策等，就项目建设风险分配而言，可分为工程发包方与承包方之间的风险分配，以及采用PPP模式时政府方与私人/社会资本方之间的风险分配2个层面，相关研究也是围绕这2个层面展开。

1.2.1 工程建设/项目风险及其管理问题研究

风险是指未来损失的可能性[12]，或是指活动或事件消极的/负面的、人们不希望后果发生的潜在可能性[13]。工程项目风险为风险中的一种，是指工程项目在设计、施工等各个阶段可能遭到的负面影响，可将其定义为，项目目标无法实现的可能性[14]。其主要是由不确定活动或事件造成的，而这种不确定性活动或事件主要包括如下3个方面：

（1）人们认识客观事物的能力有局限性；
（2）客观世界是在发展变化的；
（3）信息的不完备性或滞后性。

风险管理是通过对风险的识别、计量和控制，而以最少的成本使风险造成的损失达到最低程度的管理方法[15]。工程项目风险管理是众多风险管理中的一种，是项目的主体用最低成本实现工程项目目标而开展的管理活动[14,16]，包括对项目风险的合理分配、控制或利用等。

1.2.2 工程发包方与承包方之间的风险分配

大型水资源配置工程实施过程中充满着风险，合理分配工程发包方与承包方之间的风险（risk allocation）是高效实现项目目标的必要条件。在工程实施采用市场机制的初期，相关研究相对较多。伍戈等的研究认为工程项目风险分配受工程承发包组织模式的影响[17]。这可以反过来说,采用不同工程发包组织模式,其风险分配方式就不一样,如采用设计施工相分离的承发包组织模式,一般采用单价合同,工程实施中工程量增加的风险由工程发包方承担;而采用设计施工相结合的承发包组织模式,即工程总承包,一般采用总价合同,工程实施中工程量增加的风险由工程承包方承担。杜亚灵等研究公共项目风险分配原则[18],并在此基础上,提出了风险分配较为复杂的模型[19,20]。事实上,要注意到,一方面工程项目风险分配方案是用合同规定的,而合同初稿是由工程发包方在编制招标文件时确定的,因而工程实施中面对风险事件,一般不存在讨论风险分配的问题。另一方面工程投标方一般会根据招标文件/合同中的风险分配方案,在投标报价中体现,即所谓的应对策略。

目前,在工程设计施工相分离的工程发包组织模式中,工程风险分配机制相对成熟,相关研究也较少。但不适当应用工程发包组织模式而引发新的风险的案例不在少数。如,南水北调东线一期工程淮阴三站工程[21],合同工期27个月,2006年4月开工,采用固定单价合同。2007年、2008年主材价格一路上涨,特别是建筑用钢,其均价2008年比2006年上涨了2 681元/t。这一风险施工承包方难以承受,提出终止合同。这直接将风险转嫁给业主方,影响到工程建设工期;业主方同时面临着施工承包方高额的补偿、索赔风险。当然,若真的终止合同,肯定是"双输",即双方均承受较大的风险。

多年来,在我国积极推行工程总承包(EPC)模式的环境下,有关工程总承包风险或收益分配的研究相对较多。工程总承包模式一般采用总价合同,并适合于生产性项目,如石化项目、动力工厂,而不适用涉及相当数量的地下工程或工程存在较大的不确定性的项目[22]。这主要在于一般工程总承包总是采用总价合同,对不确定性大的工程项目风险较大。工程总承包模式的优势包括两方面:一是具有责任主体单一,发包方监管成本低的优势;二是总价合同可激励承包方优化工程[23]。而采用总价合同,对不确定性较大的水利水电工程而言,风险又较大[24,25]。因此,围绕工程计价方式优化工程总承包的研究成果较多,主要思路是寻求工程计价方式新路径[26,27]。此外,我国长期采用设计施工相分离的建设模式,具有工程总承包能力的建设企业正在培育之中,因此,研究工程总承包联合体利益分配的成果也较多[28,29]。

整体而言,在工程设计与施工相分离的工程发包组织方式下的风险分配研究已较成熟;在工程项目不确定性较大的条件下,使用工程总承包模式,如何合理分配风险或超额/优化收益,还有待深入研究。

1.2.3 PPP项目的风险分配研究

PPP项目的风险分配主要讨论政府方与私人/社会资本方之间项目风险分

配问题,而且主要讨论合作时间相对较长项目在运行期的风险分配问题。Vega 研究发现 PPP 项目风险分配没有唯一解,也没有固定的模式,应对具体项目做具体确定[30];Shaoul 认为很难确定 PPP 项目风险应该转移到私人方的程度[31]。许多学者在不断探索 PPP 项目风险分配的规律性,包括 PPP 项目合同中风险分配原则、方法等,以及 PPP 项目合同履行中风险触发因素和再分配。

(1) 风险分配原则研究。何伯森和孙洁等认为,PPP 项目是政府方和私人方之间的合作项目,风险分配时应从项目整体效益出发,将风险分配给能最有效地控制风险、且能产生项目最大效能的那一方[32,33];刘新平等通过分析 PPP 项目风险因素提出风险分配应遵循的三原则,即由对风险最有控制力的一方控制相应风险,承担的风险程度与所得回报相匹配,承担风险要有上限[34];Abednego 和邓小鹏等分别提出了 PPP 项目风险分配四原则和九原则[35,36]。显然,由于这些研究的视角、重点等方面存在差异,因而所得结果也存在较大不同。

(2) 风险分配方法研究。Guasch 研究了 1 000 份介于 1980 年至 2000 年拉丁美洲特许经营合约后发现,解决风险再分配问题历时较长,造成资源的浪费和成本的增加[37]。Fatokun 认为 PPP 项目投标人出现投机行为的可能性越大,项目风险再分配的概率就越高[38];Eduardo 等的研究则相反,通过分析智利、哥伦比亚等项目再谈判的案例后指出,政府采取机会主义行为是引发项目再谈判较为常见的因素[39]。周和平通过对 12 个代表性 PPP 项目案例的分析,识别了 9 个影响风险再分配的因素,并对风险再分配的决定因素及其影响因子进行了探讨[40];Xiong 的研究认为 PPP 项目具有再谈判影响因素[41];Guasch 等人分析拉丁美洲 307 个 PPP 项目,发现有 162 个进行了再谈判,其中超过 70% 的再谈判由私人部门发起[42]。Trebilcock 等指出制度不完善是影响 PPP 项目再谈判的重要因素[43]。这些研究表明:人的有限理性、PPP 合同的不完备以及私人方的机会主义行为等是造成 PPP 项目风险再分配的主要原因。

(3) 风险再分配或再谈判研究。PPP 项目履行过程中风险的增加或消失,必然会影响到政府和/或私人方的利益或目标,双方在风险再分配过程中争端难以回避,在这种情境下再谈判无法避免[44]。关于再谈判效率,降低再谈判成本的研究,Zhu1、马桑和居佳等借助讨价还价博弈理论构建再谈判模型,得到 PPP 项目风险再分配的影响因素为双方谈判各方的损耗系数[45-47];任志涛等进一步分析了谈判损耗系数的影响因子,并根据这些因子提出提升再谈判效率的措施[48]。这些研究表明,风险再分配与风险的性质等无关,仅与谈判的过程相关,这显然与实践情况存在偏差。孙慧等总结国内外 PPP 项目实践,分析找出 PPP 项目再谈判的关键影响因素,提出了进一步完善 PPP 项目相关度等提升再谈判效率的措施[49]。陈富良等提出,在 PPP 项目中应设计再谈判救济方式、谈判机制和程序[50]；Nikolaidis 基于 PPP 项目的实践探讨了风险再分配谈判的框架[51]；Domingues 等认为在 PPP 合同初始缔约时注入柔性，以赋予不完全契约再谈判的余地，使得项目再谈判顺利进行[52]；刘婷等的研究认为应在 PPP 合同中设立弹性条款，并明确再谈判机制[53]；陈婉玲认为应立法强制 PPP 合同嵌入可变更、可调整条款，并设置相应的修补程序，在特定阶段，安排政府去与私人方进行协商与再谈判，才能缓释冲突，挽救合作危机[54]。这些研究成果对降低 PPP 项目风险再分配过程的交易成本均有参考价值。

1.3 大型工程项目顶层治理研究

水利部在相关规定中指出，水利工程建设项目管理实行统一管理、分级管理和目标管理，逐步建立水利部、流域机构和地方水行政主管部门以及建设项目法人分级、分层次管理的管理体系[55]。水利部同时又提出，政府负责或授权组建项目法人，项目法人对工程建设的质量、安全、工期和资金使用负首要责任[56]。鉴于此，最新研究将其归结为"政府主导＋市场机制"的建设体制，并进而将大型工程项目治理分为顶层治理和交易治理 2 个层面[57]。

1.3.1 治理与项目治理研究

治理的概念在经济学、政治学和公共管理学等领域均得到应用，但内涵不尽相同。经济学家威廉姆森（Williamson）在研究交易理论时将治理定义为，治理是一种制度安排，旨在促使治理结构与交易性质的合理匹配[58]。在公司治理领域，李维安认为，治理是指通过一套包括正式或非正式的、内部或外部的制度或机制，来协调公司与所有利益相关者之间的利益关系，以保证公司决策的科学化，从而最终维护公司各方面利益的一种制度安排；李维安同时明确指出，公司治理涉及治理结构和治理机制 2 个层面，其目标是实现公司决策的科学化而非相互制衡[59]。在政治学和公共学领域，罗西瑙（Rosenau）认为，治理是一系列活动领域里的管理机制，是一种由共同的目标支持的管理活动，其未必获得正式授权，主体也未必是政府，也无须依靠国家的强制力量来实现，却能有效发挥作用[60]。俞可平认为，不同于统治，治理是政府组织和（或）民间组织在一个既定范围内运用公共权威管理社会政治事务，维护社会公共秩序，满足公众的需要[61]。

在建设工程项目领域，Turner 最早提出项目治理的概念，并指出项目治理是一种可以获得良好秩序的组织制度框架，通过这种制度框架，项目的利益相关者可以识别出威胁或机会中的共同利益[62]；Winch 将项目治理分为垂直和水平治理[63]。垂直治理关注项目法人/客户与一阶供应者(工程总承包方)之间的交易关系;而后者关注的重点是供应链,即工程总承包方之后的系列合同关系;在Winch研究的基础上,沙凯逊等研究了针对项目团队/项目经理的治理问题[64,65]。他将建设工程项目治理分为3个层次,不过这3个层次研究的视角不尽相同,研究中采用的理论也存在差异。王华等认为建设工程项目治理分类与公司治理类似,可分解为内部治理和外部治理[66]。项目内部治理就是体现投资主体与工程项目其他直接利益群体之间的内部决策过程和各利益相关者参与项目治理的方法和途径;项目外部治理则是以工程项目其他利益相关者所构成的外部市场环境来约束工程项目直接利益主体。外部市场环境一般包括政府管理部门及其制定的法律法规、劳动力市场、金融市场等。总体而言,这些研究在不断将项目治理理论推向深入。

1.3.2 项目交易治理

项目交易治理,即为项目交易层面的治理。参与主体为项目发包方、承包方和咨询/监理方。如何开展项目交易治理?罗岚等对项目交易治理研究相关文献进行了分析,指出目前对项目交易治理定义仍然没有一个清晰完整的结论,各学者仍在对其边界研究进行辨析[67];严玲等将其分为契约/合同治理和关系治理展开研究,并认为项目(交易)治理框架中的契约治理与关系治理都能有效改善项目管理绩效,且契约治理处于更为核心的位置[68,69]。而事实上,交易/合同治理被经济学者所提出[70],而关系治理最早由研究政治学/公共管理的学者所提出[71],将两者相提并论的价值可能会受到质疑。总体而言,项目交易治理的概念还没普及,研究有待深入。

1.3.3 项目顶层治理

项目顶层是指政府方负责项目主管部门(或专门机构)及负责项目实施的主要责任主体——项目法人所构成的项目最高(指挥、组织、协调和决策)管理层。胡毅等分析重大工程建设指挥部组织演化进程,并提出了指挥部需要强化顶层治理的功能,加强与项目法人、主要市场交易方的合作互动,构建多元复合、渐进演化、自适应的多层治理系统[72]。顶层治理的概念似乎被提出了,但并没有完整的定义和深入的研究。王卓甫等在研究重大工程项目顶层治理中给出了明确的定义,为重大工程(包括公共工程)的主管政府部门、项目法人参与的职责分工、协调、服务,以及监督等的制度安排[57]。钱菲等对项目顶层治理影响重大工程项目绩效进行了分析[73],事实上这值得讨论,项目顶层治理与项目绩效间还存在中间变量,其绩效如何去判断?Ma等试图将管家理论与代理理论融合,探索重大工程项目顶层治理,取得了一些进展[74]。但总体而言项目顶层治理理念刚提出,相关研究待深入。

1.4 大型工程项目建设管理组织结构模式研究

1.4.1 基于项目与组织/企业关系的项目分类研究

项目为一项任务,是一个临时性的多边组织,然而基于项目与相对稳定的组织——企业的关系,可将项目分为 2 种类型:Ⅰ型为跨组织的项目,Ⅱ型为存在于组织内的项目[75]。项目法人讨论的项目管理一般对象为Ⅰ型项目,而例如华为公司讨论的项目管理对象为Ⅱ型项目。沙凯逊等从多元主义的立场出发构建基于权力距离的分析框架,揭示了项目的 3 种逻辑:一是针对项目管理的科层逻辑、针对Ⅰ型项目治理的非科层逻辑,以及针对Ⅱ型项目治理的半科层逻辑[76],并指出基于系统科学的项目管理理论没有过时,因为它符合逻辑;二是项目治理主流文献之所以没能充分融入治理经济学,主要是因为路径依赖的作用,致使有些逻辑关系还没有理顺;三是项目研究的理论体系应该涵盖管理和治理 2 个范畴,项目治理研究应该包括Ⅰ型项目治理和Ⅱ型项目治理 2 个方面。

1.4.2 Ⅱ型项目组织结构研究

项目管理组织问题的相关研究从Ⅱ型项目开始;Terry 认为项目中最重要的是人,而不是过程、系统或其他任何东西[77]。Lechler 也认为,项目管理中人是最需要研究的,主要研究包括人力资源能力与组织[78],以及组织内结构形式的有效性等[79]。Ⅱ型项目组织结构有多种形式,Gobeli 等的研究表明,每种形式都有其优势和不足,选择不同的组织结构形式会影响到项目实施的成功[80]。施工企业内的项目管理属Ⅱ型项目管理,叶小剑从施工企业视角出发,提出项目管理组织结构设计要多考虑人的要素,促进各个项目、各个部门之间的平衡[81];贾钰等则从施工项目部的视角出发,指出采用何种组织结构并不能一概而论,而是需要根据组织的特点和文化,选择可以让项目和母体组织相协调的结构[82]。这些对Ⅰ型项目也是有借鉴意义的。

1.4.3 Ⅰ型项目组织结构研究

与Ⅱ型项目相比,Ⅰ型项目管理是跨组织的。对建设工程项目,其本质上是交易过程的管理,即交易治理,项目法人单位的管理任务与Ⅱ型项目管理的任务、方式存在差异。不仅如此,Ⅰ型项目即项目法人单位的管理组织结构也因工程不同而不同,长江三峡工程建设期采用矩阵式的管理构架[83],而江西省峡江水利枢纽工程建设指挥部/项目法人采用职能管理模式[84]。对于大型水资源配置工程,应其为典型的线性工程,涉及区域广大,胡兰桂的研究认为项目法人不宜组建大规模管理机构,而应采用矩阵管理组织结构,对现场管理机构,可采用"代建"等多种方式组织[85]。潘宣何等结合湖南省涔天河水库扩建工程灌区工程建设特点,提出该工程项目法人采用职能式与矩阵式相结合的组织结构方案[86]。美国项目管理协会的《建设工程:项目管理知识体系指南:建设项目》(CE-PMBOK)也称平衡矩阵式管理组织结构[87]。对项目法人/建设单位,项目质量控制是项目管理的重要任务,戴鹏提出在矩阵式组织结构下,项目质量控制体系的建立与运行方案[88],其对管理组织结构设计做了深化研究。这些研究对促进Ⅰ型项目管理组织结构均有借鉴意义,但对管理职能机构如何设置,相关研究明显不足。

1.5　大型工程建设管理智慧化相关研究

水利部高度重视水利信息化建设,2017年5月水利部正式印发《关于推进水利工程大数据发展的指导意见》,该指导意见深入贯彻党中央提出的国家大数据战略,旨在水利行业推进数据资源共享开放,促进水利工程大数据发展与创新应用[89]。经过近20年的水利信息化建设,水利综合信息采集体系初步形成,网络通信保障能力明显提高,初步形成了水利工程智慧化管理体系,利用云计算、大数据、物联网等技术,实现了对于工程建设运行管理的自动化、智能化。具体来说,水利工程智慧化管理方面的研究现状和实践可以分为如下四方面。

1.5.1　工程数据的采集、集成研究

对于水利工程进行管理分析最首要的就是对工程数据进行采集和集成,张建新等将水利工程大数据来源分为江河湖泊水系、水利工程设施和管理活动[90]。Chen等将水利工程大数据来源分为自然、社会、业务3个维度[91]。程益联等将水利工程对象分为自然类和非自然类2个大类,在此基础上,自然类分为地表类和地下2个中类,非自然类分为设施和非设施2个中类[92]。综合上述研究成果,大致可以将水利大数据来源归结为自然环境类、社会活动类、工程设施类、业务管理类4个维度。其中自然环境类对象采集内容主要包括河流、湖泊、地下水,以及相关的水环境、水生态、地形地貌等信息;社会活动类对象信息主要采集网络上与水管理相关的内容,比如舆情、人类活动轨迹等;工程设施类对象采集内容主要包括工程安全、工程安防监控,以及与工程相关的雨水情、环境等

信息;业务管理类对象采集内容包括与防汛抗旱、水资源管理、河湖管理、水土保持监管、农村水利管理等业务管理工作相关的涉水事件、行为与现象,还包括闸门、泵站等机电设备运行工况,以及水利工程运行预报、调度、控制等信息。

为获取上述4类对象的信息内容,采集手段分为地面监测、卫星遥感、航空遥感、互联网采集及模型模拟(再分析)5类,它们构成了立体监测体系,形成对水利信息感知的"天罗地网"[93-95]。由于水利工程数据的多源异构、海量等特点,针对不同的场景要选择使用不同的数据存储方式:对于实时性要求高的数据可使用内存数据库系统;对于业务相关的数据,可使用传统的数据仓库;针对非结构化的数据,可以使用分布式文件系统进行存储,同时通过综合数据汇集与支撑平台进行数据信息的汇集和整合。针对不同应用需求进行图像处理、信息提取、图像解释、数据分析等,可建立起多源多尺度信息体系。

1.5.2 工程数据感知研究

工程数据立体智能感知的实现需要借助BIM、GIS、云计算、物联网、5G的综合集成应用,在工程建设中能够对海量工程数据进行收集、存储、整理与挖掘。上述技术彼此各取所长,以BIM和GIS为中心实现智慧型决策,服务项目建设、管理。其中,物联网技术可以实现多元数据的采集、跟踪与传输,极大拓展了BIM与GIS的信息来源。5G移动通信技术在无线覆盖、传输时延、系统安全方面具有巨大优势,能够确保数据的实时、准确、可靠,解决了BIM与GIS信息的时效性问题。云计算技术通过分布式存储方式,实现不同参与方、不同阶段、不同专业之间的数据共享与管理,提高BIM和GIS的协作能力,为共享、使用BIM和GIS数据奠定了基础。

智能感知体系通常可以分为5层:①感知层主要负责工程数据的采集,传统的方式需要人工进行录入,而物联网技术和5G的应用和集成则为利用各类感知仪器自动、实时采集海量工程数据奠定了基础,有效提高了数据的完整性、实时性、可靠性[96-100];②存储层负责对收集的数据进行存储与管理,传统的方式以集中式数据库或数据中心为主,而基于公有云、私有云或混合云的存储模式则通过分布式技术为异构海量数据存储、数据所有权控制、多方参与跨地域协同等带来了新方法;③以BIM与GIS技术为核心的模型层通过统一的数据组织、描述与建模方法,构建整体BIM和GIS模型及面向业务需求的多种子模型,解决建设项目全生命期工程特性、建设过程与决策方式的建模问题;④处理层负责对数据进行分析处理,传统的方式采用人工处理或简单的统计手段,而大数据技术的引入为海量BIM数据的深度挖掘、分析与可视化提供了新的技术,可有效发现数据的潜在价值;⑤应用层是与用户的接口,通过可视化交互方式,面向不同用户提供平台的各类应用功能,是其他几层具体功能及价值的外在体现。

1.5.3　工程数据分析挖掘研究

水利工程大数据价值链的最重要阶段就是数据分析,其目标是从和主题相关的数据中提取尽可能多的信息,主要目标包括:推测或解释数据并确定如何使用数据,检查数据是否合法,给决策制定合理建议,诊断或推断错误原因,预测未来将要发生的事情。根据数据分析深度,数据分析可以分为描述性分析、预测性分析和规则性分析 3 个层次[96]。根据工程科学研究和业务管理特点,依据工程决策流程,数据分析类型可分为规律解析、态势研判、趋势预测和决策优化 4 个层次[94],其中规律解析是基于历史数据分析研究对象的历史变化特征及影响其变化的关键因子;态势研判是根据实时或准实时获取的数据,对工程对象当下所处的状态进行诊断,对发生的水利事件进行告警;趋势预测是基于挖掘的演变特征和诊断的事件,利用大数据模型或专业模型对事件未来的演进态势进行预测;决策优化是基于规律解析、态势研判和趋势预测的成果,制定合理的水利事件应对方案。总结起来就是,通过工程大数据的分析应用,了解工程对象的过去,清楚工程对象的现在,明确工程对象的未来,最终来优化工程对象的发展。

在具体的分析挖掘方法上,朱跃龙等提出一种基于语义相似的水文时间序列相似性数据挖掘方法[101]。艾萍等基于在线事务处理和在线数据挖掘构建了工程数据在线分析和知识发现系统模型[87]。韩红旗提出基于 OLAP 和 OLAM 的探索性水利工程数据挖掘模型[70]。谢敦礼等提出了基于 GIS 的城市供水工程数据挖掘方法[44]。涵盖的数据分析方法包括传统的数据挖掘、统计分析、机器学习、文本挖掘、深度学习等,利用大数据分析方法建立模型,实现工程大数据的分析挖掘,为决策提供辅助和支持。

1.5.4　工程大数据管理平台研究

物联网的发展使得工业设备长期不间断地产生数据,数据量大、数据类型多、数据表达意义不完整,数据孤岛现象严重,从而造成工业数据的价值得不到体现。工业设备的使用、维护、整改等专家经验常散落于维修手册、工单、周报等文档中,造成行业专家经验传承效率低,新员工培训周期长,影响企业生产效率。设备故障的表象与故障本质存在复杂的因果关系,行业经验严重影响对故障的分析、检修排期、维修方法的决策。

针对上述问题,目前国内成熟的工程数据管理平台包括智谱华章、明略、数说、拓尔思等,通过数据挖掘技术实现高精度实体识别、关联挖掘和知识表示。通过构建知识图谱体系,将工业设备所产生的信息通过可视化工具进行整理,形成围绕不同知识实体(设备、人员、供应商等)的数据,从而打破数据孤岛,完整表达数据含义,同时通过基于图谱的分析挖掘实现设备故障分析和归因。通过结合云计算、分布式存储、人工智能等技术,实现大数据云平台构建,提供工业知识库、智能搜索、故障诊断、维修经验推荐服务,提升对工程数据的理解、认知和决策能力。

参考文献

[1] 何继善,等. 工程管理论[M]. 北京:中国建筑工业出版社,2017.

[2] (美)项目管理协会. 项目管理知识体系指南[M]. 6版. 北京:电子工业出版社,2018.

[3] Project Management Institute. Construction Extension to the PMBOK Guide[M]. Pennsylvania: Project Management Institute, Inc., 2016.

[4] WINCH G M. The construction firm and the construction project: a transaction cost approach[J]. Construction Management and Economics, 1989, 7(4): 331-345.

[5] TURNER J R, MÜLLER R. On the nature of the project as a temporary organization[J]. International Journal of Project Management, 2003, 21(1):1-8.

[6] SHA K X. Understanding Construction Project Governance: An Inter-organizational Perspective[J]. International Journal of Architecture, Engineering and Construction, 2016, 5(2): 117-127.

[7] 周三多,陈传明,鲁明泓. 管理学——原理与方法[M]. 4版. 上海:复旦大学出版社,2005.

[8] TURNER J R. 项目管理的八个学派[J]. 师东平,译. 项目管理技术,2006, 4(10): 69-72.

[9] CLELAND D I, King W R. System Analysis and Project Management [M]. New York: McGRAW-Hill, 1968.

[10] 周新军. 企业管理与公司治理:边界确定及实践意义[J]. 中南财经政法大学学报,2007(5): 143-144.

[11] 陈世清. 经济学的形而上学[M]. 2版. 北京:中国时代经济出版社,2011.

[12] CRANE F G. Insurance Principles and Practices. 2nd ed. [M]. New York: Willey. 1984.

[13] 卢有杰,卢家仪. 项目风险管理[M]. 北京:清华大学出版社. 1998.

[14] 王卓甫,丁继勇,邓小鹏. 工程项目风险管理——理论、方法与应用[M]. 2版.北京:中国水利水电出版社. 2021.

[15] WILLIAMS C A, HEINS R M. Risk Management and Insurance[M]. New York: mcgraw-hill. 1985.

[16] 林义. 社会保险[M]. 4版.北京:中国金融出版社,2016.

[17] 伍戈,廖筠. 承发包组织模式对建设项目风险分配的影响[J]. 福建建筑,2000(4):67-69.

[18] 杜亚灵,尹贻林,严玲. 公共项目绩效改善研究:风险分配途径[J]. 科技管理研究,2008(5):274-276.

[19] 杜亚灵,尹贻林. 基于模糊逻辑的公共项目风险分配模型[J]. 北京理工大学学报:社会科学版,2008,10(3):94-97,114.

[20] 张国军.基于模糊综合评判的工程项目风险分配方法研究[J].民营科技,2011(5):130,236.

[21] 河海大学. 南水北调东线一期工程淮阴三站工程建设投资评价报告[R]. 南京:河海大学,2010.

[22] FIDIC. Conditions of Contract for Plant & Design-Build (Second Edition, 2017)[M]. Geneva: FIDIC-World Trade Center II, 2017.

[23] 王卓甫,丁继勇. 工程项目管理:工程总承包管理理论与实务[M]. 北京:中国水利水电出版社,2014.

[24] 边立明. 水利工程建设应用EPC总承包模式面临的问题及对策[J]. 广东水利水电,2013(8):73-75.

[25] 丁继勇,王卓甫,凌阳明星,等. 中国水利工程总承包交易模式创新与关键科学问题[J]. 水利经济,2016,34(5):80.

[26] 张坤,王卓甫,丁继勇. 标准化工程总承包合同条件计价方式的讨论[J]. 土木工程与管理学报,2014(4):98-102.

[27] 丁继勇,王卓甫,安晓伟. 水利水电工程总承包交易模式创新研究[M]. 北京:中国建筑工业出版社,2018.

[28] 管百海,胡培. 联合体工程总承包商的收益分配机制[J]. 系统工程,2008,26(11):94-98.

[29] 安晓伟,王卓甫,丁继勇,等. 联合体工程总承包项目优化收益分配谈判模型[J]. 系统工程理论与实践,2018,38(5):1183-1192.

[30] VEGA A O. Risk allocation in infrastructure financing[J]. Journal of Project Finance, 1997, 3(2):38-42.

[31] SHAOUL J. Financial analysis of the London Underground Public Pri-

vate Partnership[M]//Terry F. Reader in Transport Topics. London: Blackwell, 2004.

[32] 何伯森,万彩芸. BOT 项目的风险分担与合同管理[J]. 中国港湾建设, 2001(5):63-66.

[33] 孙洁. 采用 PPP 应当注意的几个关键问题[J]. 地方财政研究,2014(9): 23-25.

[34] 刘新平,王守清. 试论 PPP 项目的风险分配原则和框架[J]. 建筑经济, 2006(2):59-63.

[35] ABEDNEGO M P, OGUNLANA S O. Good project governance for proper risk allocation in public-private partnership in Indonesia [J]. International Journal of Project Management, 2006, 24(7): 622-634.

[36] 邓小鹏,李启明,汪文雄,李枚. PPP 模式风险分担原则综述及运用[J]. 建筑经济, 2008(9):32-35.

[37] GUASCH J L. Granting and renegotiating infrastructure concessions: doing itright[J]. Washington World Bank Publications, 2004.

[38] FATOKUN A, Akintola A, Liyanagec. Renegotiation of public private partnership road contracts: Issues and outcomes[C]. Proceedings of 31st Annual ARCOM Conference, Lincoln, UK, 2015: 1249-1258.

[39] EDUARDO B, NIETOPARRA S, ROBLEDO J S. Opening the black box of contract renegotiations: An analysis of road concessions in Chile, Colombia and Peru[J]. OECD Development Centre Working Papers, 2013 (4):317.

[40] 周和平,陈炳泉,许叶林. 公私合营(PPP)基础设施项目风险再分担研究[J]. 工程管理学报, 2014, 28(3): 89-93.

[41] XIONG W, ZHANG X. The Real Option Value of Renegotiation in Public-Private Partnerships[J]. Journal of Construction Engineering & Management, 2016,142(8):04016021-1~04016021-11.

[42] GUASCH J L, LAFFONT J J, STRAUB S. Renegotiation of Concession Contracts in Latin America[R]. Washington: World Bank, 2003.

[43] TREBILCOCK M, ROSENSTOCK M. Infrastructure public–private partnerships in the developing world: Lessons from recent experience[J]. Journal of Development Studies, 2015, 51(4): 335-354.

[44] 谢敦礼,李浩,叶福根,等. 数据挖掘在城市供水系统中的一个应用[J]. 系统工程理论与实践, 2003, 23(6):127-132.

[45] ZHU L L, ZHAO X, CHUA D K H. Agent-Based Debt Terms' Bargaining Model to Improve Negotiation Inefficiency in PPP Projects[J]. Journal of Computing in Civil Engineering, 2016, 30(6): 1-11.

[46] 马桑. PPP项目再谈判的博弈分析与模型构建[J]. 现代管理科学, 2016(1): 40-42.

[47] 居佳, 郝生跃, 任旭. 基于不同发起者的PPP项目再谈判博弈模型研究[J]. 工程管理学报, 2017, 31(4): 40-45.

[48] 任志涛, 雷瑞波. 基于讨价还价模型的PPP项目收益分配再谈判研究[J]. 建筑经济, 2017, 38(1): 37-41.

[49] 孙慧, 孙晓鹏, 范志清. PPP项目的再谈判比较分析及启示[J]. 天津大学学报: 社会科学版, 2011, 13(4): 294-297.

[50] 陈富良, 刘红艳. 基础设施特许经营中承诺与再谈判研究综述[J]. 经济与管理研究, 2015, 36(1): 88-95.

[51] NIKOLAIDIS N, ROUMBOUTSOS A. A PPP renegotiation framework: a road concession in Greece[J]. Built Environment Project and Asset Management. 2013(2): 264-278.

[52] DOMINGUES S, ZLATKOVIC D. Renegotiating PPP contracts: Reinforcing the 'p' in partnership[J]. Transport Reviews, 2015, 35(2): 204-225.

[53] 刘婷, 赵桐, 王守清. 基于案例的我国PPP项目再谈判情况研究[J]. 建筑经济, 2016, 37(9): 31-34.

[54] 陈婉玲. PPP长期合同困境及立法救济[J]. 现代法学, 2018, 40(6): 79-94.

[55] 水利部. 水利工程建设项目管理规定(试行)(水建设〔1995〕128号发布, 2017年修正.)[S]. 北京: 水利部, 2017.

[56] 水利部. 水利工程建设项目法人管理指导意见(水建设〔2020〕258号.)[S]. 北京: 水利部, 2020.

[57] 王卓甫, 等. 重大工程交易治理理论与方法[M]. 北京: 清华大学, 2022.

[58] WILLIAMSON O E. Comparative economic organization: the analysis of discrete structural alternatives[J]. Administrative Science Quarterly, 1991, 36(2): 269-296.

[59] 李维安. 公司治理学[M]. 4版. 北京: 高等教育出版社, 2020.

[60] 罗西瑙. 没有政府的治理[M]. 张胜军, 译. 南昌: 江西人民出版社, 2001.

[61] 俞可平. 中国的治理改革(1978—2018)[J]. 武汉大学学报: 哲学社会科学

版，2018，71(3)：48-59.
[62] TURNER J R, KEEGAN A. The versatile project-based organization: governance and operational control[J]. European Management Journal, 1999, 17(3): 296-309.
[63] WINCH G M. Governing the project process: a conceptual framework[J]. Construction Management and Economics 2001, 19(8): 799-808.
[64] 沙凯逊. 建设项目治理[M]. 北京：中国建筑工业出版社，2013.
[65] Sha K X. Incentive strategies for construction project manager: a common agency perspective [J]. Construction Management and Economics, 2019.
[66] 王华，尹贻林. 基于委托-代理的工程项目治理结构及其优化[J]. 中国软科学，2004(11)：93-96.
[67] 罗岚，陈博能，程建兵，等. 项目治理研究热点与前沿的可视化分析[J]. 南昌大学学报：工科版，2019，41(4)：408.
[68] 严玲，赵黎明. 论项目治理理论体系的构建[J]. 上海经济研究，2005(11)：104-110.
[69] 严玲，史志成，严敏，等. 公共项目契约治理与关系治理：替代还是互补？[J]. 土木工程学报，2016，49(11)：115-128.
[70] 韩红旗. 数据挖掘技术在水利工程管理中的应用研究[J]. 中国管理信息化，2010，13(4)：76-79.
[71] MACNEIL I R. Contracts: Adjustment of Long-term Economic Relations under Classical, Neoclassical, and Relational Contract law[J]. North Western University Law Review, 1978, 72(6): 854-905.
[72] 胡毅，李永奎，乐云，等. 重大工程建设指挥部组织演化进程和研究评述——基于工程项目治理系统的视角[J]. 工程管理学报，2019，33(1)：79-83.
[73] 钱菲，丁继勇，马天宇，等. 顶层治理影响重大工程项目绩效的理论模型——基于代理理论和管家理论融合视角[J]. 科技管理研究. 2021，41(7)：184-190.
[74] MA T Y, WANG Z F, MIROSLAW J S, et al. Investigating stewardship behavior in megaprojects: An exploratory analysis[J]. Engineering, Construction and Architectural Management, 2021, 28(9): 2570-2591.
[75] 沙凯逊. 建设项目治理十讲[M]. 北京：中国建筑工业出版社，2017.
[76] 沙凯逊，石磊. 项目的逻辑[J]. 项目管理技术，2021，19(2)：1-7.

[77] TERRY C D. The"Real"Success Factors on Projects[J]. International Journal of Project Management, 2002, (20): 185-190.

[78] LECHLER T. When It Comes to Project Management, Its the People That Matter: an empirical analysis of project management in germany [C]//Hartman F, Jergeas G, Thomas J. The Nature and Role of Projects in the Next 20 Years: Research Issues and Problems. Calgary: University of Calgary, 1998.

[79] MCCOLLUM J, Sherman D. The Matrix Structure: Bane or Benefit to High Tech Organizations[J]. Project Management Journal, 1993, 24(2): 23-26.

[80] GOBELI D, LARSON W. Relative Effectiveness of Different Project Structure[J]. Project Management Journal, 1987, 18(2): 81-85.

[81] 叶小剑. 建筑工程项目管理组织结构的设计分析[J]. 河南建材, 2020(3): 80-81.

[82] 贾钰, 吴忠勇. 关于项目管理组织结构的选择探讨[J]. 住宅与房地产, 2019(24): 122.

[83] 陆佑楣. 三峡工程建设项目管理的实践[J]. 中国三峡建设, 2002(1): 3-4, 51.

[84] 江西省峡江水利枢纽工程建设总指挥部. 江西省峡江水利枢纽工程—工程管理[M]. 北京: 中国水利水电出版社, 2016.

[85] 胡兰桂. 涔天河水库扩建工程建设管理模式浅析[J]. 湖南水利水电, 2015(4): 85-87.

[86] 潘宣何, 许志宏. 湖南省涔天河水库扩建工程灌区建设管理模式与组织结构分析[C]. 中国水利学会2016学术年会论文集(下册). 南京: 河海大学出版社, 2016: 639-641.

[87] 艾萍, 王志坚, 索丽生, 等. 水文数据在线分析与知识发现系统模型研究[J]. 水利学报, 2001(11): 15-19.

[88] 戴鹏. 建设单位矩阵组织结构下的项目部质量管理研究[J]. 石油化工建设, 2017, 39(4): 33-37.

[89] 张建云, 刘九夫, 金君良. 关于智慧水利的认识与思考[J]. 水利水运工程学报, 2019(6): 1-7.

[90] 张建新, 蔡阳. 水利感知网顶层设计与思考[J]. 水利信息化, 2019(4): 19.

[91] CHEN Y H, HAN D. Big data and Hydroinformatics[J]. Journal of

Hydroinformatics, 2016, 18(4): 599-614.

[92] 程益联, 付静. 水利数据整合共享研究[J]. 水利信息化, 2014(6): 13-17.

[93] 陈能成, 肖长江, 杨超, 等. 地理空间传感网融合服务技术与应用[J]. 地球信息科学学报, 2020, 22(1): 11-20.

[94] 冶运涛, 蒋云钟, 梁犁丽, 等. 智慧水利大数据理论与方法[M]. 北京: 科学出版社, 2020.

[95] 岩腊, 龙笛, 白亮亮, 等. 基于多源信息的水资源立体监测研究综述[J]. 遥感学报, 2020, 24(7): 787-803.

[96] 李学龙, 龚海刚. 大数据系统综述[J]. 中国科学: 信息科学, 2015, 45(1): 1-44.

[97] 杨晓东, 周峰, 戴俊, 等. 基于物联网和BIM技术在地下综合管廊建设运维中的应用[J]. 建设科技, 2017(10): 46-47.

[98] 刘三明, 雷治策, 孙大峰. BIM+物联网技术在中国尊项目运维管理中的应用[J]. 安装, 2017(7): 12-14.

[99] LI C Z, XUE F, LI X, et al. An Internet of Things-enabled BIM platform for on-site assembly services in prefabricated construction[J]. Automation in construction, 2018, 89: 146-161.

[100] 蔡新茂. 基于物联网及BIM技术分析建筑施工安全运维管理策略[J]. 科技创新导报, 2017, 14(14): 239-240.

[101] 朱跃龙, 王咏梅, 万定生, 等. 基于语义相似的水文时间序列相似性挖掘——以太湖流域大浦口站水位数据为例[J]. 水文, 2011, 31(1): 35-40.

第2章

国内大型水资源配置工程建设管理实践分析

2.1 珊溪水利枢纽工程建设管理实践分析

珊溪水利枢纽工程由珊溪水库工程和赵山渡引水工程组成，以灌溉和城市供水为主，兼有发电、防洪等综合效益[1]。

2.1.1 工程及其征地移民概况

2.1.1.1 工程概况

浙江温州地区依山傍海，多年平均降水量在1 800多mm，雨量较为充沛，但年内分布不均匀。一般夏季7—9月受副热带高压脊控制，晴热少雨，干旱成灾。但在台风季节，温州经常是暴雨成灾，为浙江省的暴雨中心之一。飞云江干流上没有修建任何控制性的骨干水利工程，江水直泻东海。飞云江下游数十万人民望水兴叹，近百万亩农田的收成全是"靠天"，每到干旱年份是盼水，遇到台风来了又怕水。经过近40年的反复规划、分析和论证，1996年，温州市政府决定开发利用飞云江，建设珊溪水利枢纽工程。

珊溪水利枢纽位于浙江省温州市境内的飞云江干流中游河段，由珊溪、赵山渡2个坝址组成，两坝址相距33.0 km，前者称珊溪水库工程，后者称赵山渡引水枢纽工程。该工程以灌溉和城市供水为主，兼有发电、防洪等综合效益。其中，赵山渡引水枢纽工程坝址位于瑞安市龙湖镇西北的赵山渡，距温州市84.0 km，距瑞安市区46.0 km。总干渠长13.36 km，北干渠长19.1 km，南干渠长16.7 km，温州分渠长4.27 km，瑞北分渠长9.41 km，总长度62.84 km。1998年7月工程开工，2002年4月主体工程基本完工。

2.1.1.2 工程征地移民概况

珊溪水利枢纽工程是温州市有史以来投资规模最大、受益最广的水利设施工程,也是温州市有史以来水库移民人数最多、范围最广的一项社会工程。

珊溪水利枢纽工程水库淹没影响涉及文成县、泰顺县、瑞安市3县(市)19个乡镇100个行政村。水库移民36 888人,工程建设用地移民(即坝区移民)419人,共计移民37 307人;涉淹房屋109.83万 m^2、耕地13 035.8亩、园地2 217.8亩、林地23 340.6亩、等级公路61.7 km、机耕路29.2 km、10 kV输电线杆118.9 km、电话线(长话、农话)杆72.9 km、县乡广播线杆45.9 km、县级文保单位14处。

珊溪水利枢纽工程移民安置除洞头区外,涉及全市10个县(市、区)48个乡镇123个行政村。共征用移民生活用地3 151.6亩(不含老人公寓建设用地)、新建房屋面积221万 m^2(不含老人公寓),移民安置点的水、电、路及配套设施建设共完成投资14 783.3万元(不含老人公寓),移民生产用地10 543.5亩,平均每个农业安置移民拥有0.4亩耕地,达到全市农村人均占有耕地面积。

2.1.2 工程投资方与项目法人

2.1.2.1 工程投资方

1995年9月,温州大江南发展有限公司、浙江省水利水电建设投资总公司、浙江省财务开发公司(浙江华浙农业投资公司)、浙江省电力开发公司经协商,决定合资兴建和经营管理珊溪水利枢纽工程,并依据《中华人民共和国公司法》组建浙江珊溪经济发展有限责任公司,由其负责珊溪水利枢纽工程的项目策划、资金筹措、建设实施、生产经营、债务偿还和资产保值增值,对项目的全过程负责。

2005年8月,浙江省水利水电建设投资总公司将股权转让给钱江水利开发股份有限公司。此后,钱江水利开发股份有限公司、温州大江南发展有限公司、浙江省财务开发公司(浙江华浙农业投资公司)、浙江省电力开发公司的出资比例分别为9.28%、56.08%、19.28%、15.36%。

浙江珊溪经济发展有限责任公司根据公司的人才结构,以及珊溪水利枢纽工程建设管理的特点,决定将工程的建设任务报请温州市政府组建专门建设管理机构负责;针对珊溪水利枢纽工程征地移民任务重的现状,报请温州市政府下属移民管理机构负责工程的水库移民安置,并采用逐级包干的办法。

2.1.2.2 工程建设项目法人

温州市政府组建珊溪水利枢纽工程建设总指挥部为珊溪水利枢纽工程建设管理责任主体,即项目法人,其在珊溪水利枢纽工程建设过程中作为浙江珊溪经济发展有限责任公司代理方,负责工程施工招标及其合同管理、工程设备采购及其合同管理、工程建设协调等工程全方位的实施管理。工程建成后交付浙江珊溪经济发展有限责任公司。

2.1.3 工程建设组织

2.1.3.1 工程交易组织

珊溪水利枢纽工程结构特点为：

（1）水库工程，建筑物相对集中，挡水大坝、溢洪道、泄洪洞、发电引水隧洞和厂房等建筑相对集中；不同建筑物、不同工种施工的干扰较多。

（2）赵山渡引水工程，建筑物则相对分散，特别是输水渠系延绵约62 km。不同类型工程沿线分布，界线分明。相对而言，不同工种施工的干扰较少。

根据这些特点，珊溪水利枢纽工程确定采用设计与施工相分离的工程交易方式，并根据工程施工特点分区块或分段发包。

珊溪水利枢纽工程建设资金来源包括：公司股东的资本金、国内贷款以及亚洲开发银行贷款。对使用亚洲开发银行贷款部分子项工程采用国际招标，其他均采用国内招标。

2.1.3.2 工程建设管理组织

珊溪水利枢纽工程建设总指挥部在建设高峰期，管理组织结构如图2-1所示。

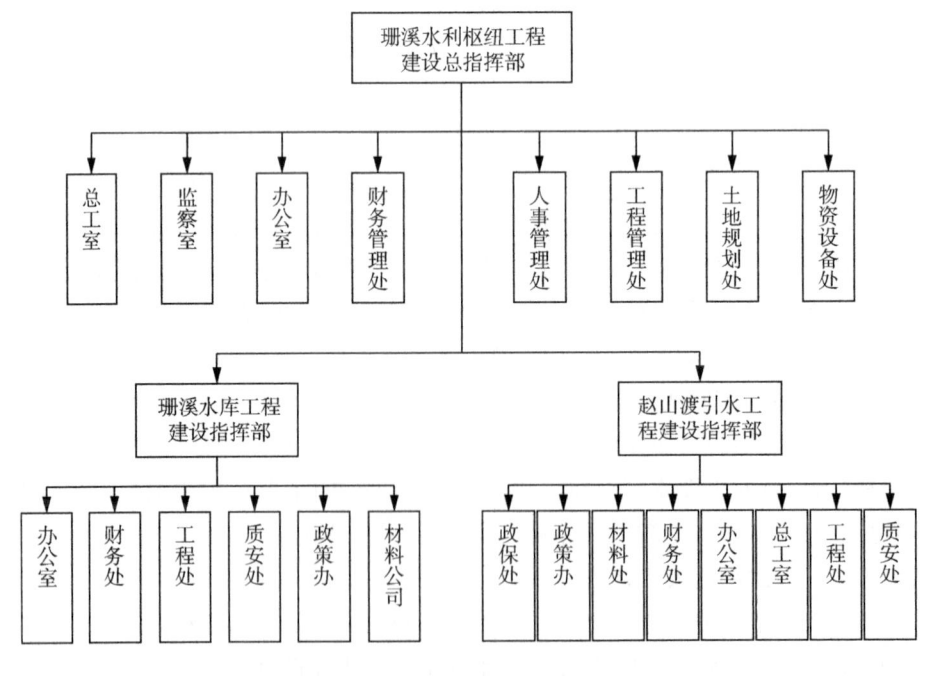

图2-1 工程建设管理组织结构图

图 2-1 中,珊溪水利枢纽工程建设总指挥部主要领导由温州市副市长和水利局副局长担任。建设管理分 2 层。工程建设总指挥部内设管理职能机构 8 个,分别如下：

(1) 总工室。主要负责工程技术管理工作。

(2) 监察室。主要负责工程建设过程中的审计、监察。

(3) 办公室。主要负责工程建设总指挥部文件管理、对外联络和接待、后勤和内务管理。

(4) 财务管理处。主要负责工程建设资金计划管理、工程支付管理和机关财务管理。

(5) 人事管理处。主要负责工程建设总指挥部人力资源管理。

(6) 工程管理处。主要负责工程质量、进度的工程验收管理；负责土建工程招标管理及合同管理。

(7) 土地规划处。主要负责工程征地协调管理。

(8) 物资设备处。主要负责工程材料和设备的采购招标及合同管理。

工程建设总指挥部下设现场管理机构 2 个,具体为：

(1) 珊溪水库工程建设指挥部。主要负责珊溪水库工程施工现场管理,包括施工质量、进度、费用和合同管理,以及施工现场的各种协调管理。

(2) 赵山渡引水工程建设指挥部。主要负责赵山渡引水工程施工现场管理,包括施工质量、进度、费用和合同管理,以及施工现场的各种协调管理。

2.1.4 工程建设管理特色分析

(1) 工程建设主要特色。

①针对水资源配置工程影响范围大,以及需要协调相关方多的特点,投资方报请温州市政府组建工程建设管理责任主体,并采用市场机制实施工程运行；或者说政府主导工程建设,组织社会资本方投资水利工程,并由政府构建工程实施责任主体,采用市场机制实施工程运行,帮助社会资本方高效实施工程建设目标。这一建设管理模式至今还具有参考价值。

②珊溪水利枢纽工程征地移民任务重,由政府移民管理机构组织实施工程征地拆迁和移民安置工作,并逐层实行包干制,这一做法也可以借鉴。

(2) 现代环境下可以优化之处。图 2-1 表明,珊溪水利枢纽工程建设总指挥部内设 8 个管理职能部门,下设 2 个现场管理机构,而每个机构下又分别再设 6 个至 8 个管理部门。在现代视角下,管理机构稍显庞大。工程建设是一次性任务,珊溪水利枢纽工程建设总指挥部是一临时性组织,有些管理部门可改设岗位,而管理机构可进行适当整合。此外,随着现代信息技术的发展,总指挥部与下设机构的一些管理机构也可以整合,如财务管理机构,总指挥部的下设机构中可不设财务管理部门,而代之以财务管理岗位即可,一切均可在总指挥部的财务平台上完成,这样既精简了机构,又可促进财务管理的标准化、格式化,既有利于及时提供管理信息,也有利于工程竣工决算。

(3) 值得思考的问题。珊溪水利枢纽工程项目投资方为4个国有企业,为什么投资方没有成立企业型项目法人对项目实施进行管理,而是委托政府方构建项目法人/工程建设总指挥部,并由温州市副市长担任总指挥,这其中一个重要因素是珊溪水利枢纽工程征地拆迁、移民工作量大,建设过程与当地群众利益上的矛盾或联系较多,若由企业负责建设管理风险很大,协调成本可能会很高。而由政府方组织,可充分利用制度优势。一方面,重视相关群众关切的问题、充分考虑相关方的利益;另一方面政府采用公开制定政策制度等方式,用公开、公平的制度管事管人,保证征地拆迁等政策的落地生根。

2.2 东深供水改造工程建设管理实践分析

东深供水改造工程即 20 世纪 60 年代建成的东深供水工程的改建工程[2]。

2.2.1 工程概况及其项目法人

2.2.1.1 工程概况

东深供水工程是 1963 年为解决香港淡水缺乏而兴建的供水工程,随着经济社会发展,供水需求在不断增加,该工程曾 3 次扩建。进入 20 世纪 80 年代后,工程沿线工业高速发展,人口快速增长,工程输水的水质受到较大影响,而香港需水量也在增加。为解决这一问题,经中央和广东省政府批准,2000 年决定全面改造该工程,即实施东深供水改造工程。该工程输水干线全长 51.7 km,设计年总供水量 24.23 亿 m^3,计划总投资 49 亿元(含沙湾隧洞工程 2 亿元),计划建设工期 3 年。主要建筑物有供水泵站、渡槽、隧洞、混凝土箱涵(有压和无压)、人工明渠、混凝土倒虹吸管等。

2.2.1.2 工程项目法人组建

东深供水改造工程投资方是广东粤港供水有限公司,该公司当初是一家合资企业。经广东省政府同意,广东粤港供水有限公司将东深供水改造工程的工程设计、采购和施工以总价承包的形式委托给广东省水利厅下属的供水工程管理总局。广东省水利厅组建广东省东深供水改造工程建设总指挥部,项目法人实施项目。

2.2.1.3 项目顶层治理结构

广东粤港供水有限公司是工程项目的投资方,采用项目管理承包(PMC)模式,并总价承包,广东省东深供水改造工程建设总指挥部负责工程征地拆迁,以及工程设计、施工和设备采购等所有工作。广东粤港供水有限公司支付工程建设资金,并派员常驻工程现场把握工程进展状况,定期向公司报告建设进展。东深供水改造工程采用这种治理结构形式推进工程按计划实施。

2.2.2 项目法人主要职责与承担的工程风险

2.2.2.1 项目法人主要职责

作为项目法人的东深供水改造工程建设总指挥部主要任务和职责如下:

(1)按概算总投资包干建成符合设计文件规定规模、工期和质量要求的东深供水改造工程;

(2)负责施工准备和征地移民等工作;

(3)选用设计单位,并与设计单位签订委托设计合同;

(4)编制施工招标计划,按计划组织分项施工招标,按公布的评标标准和方法择优选用施工单位,并与其签订承发包合同;

(5)组织施工监理招标,择优选择施工监理单位,与其签订施工监理合同;

(6)择优委托设计监理单位,与其签订设计监理合同;

(7)组织设备、材料采购招标,择优选择设备、材料供应商,与其签订供货合同;

(8)全面负责合同管理,监督与其签约的各合同方履行合同,并借助监理单位的监督管理,保证设计、施工等合同的全面履行;

(9)确定重大设计变更和其他合同变更;

(10)全面控制工程的投资、质量和进度,确保工程按期、优质、高效实现各项目标;

(11)负责并组织试车投产和竣工验收。

2.2.2.2 项目法人承担的工程风险

(1)工程项目投资方与项目法人之间的风险分配。工程项目采用项目管理承包(PMC)模式,建设期所有风险或额外收益均由项目法人承担和接受。

(2)项目法人/发包方与工程承包方之间的风险分配。项目法人采用设计施工相分离的方式发包工程,即采用DBB交易方式,并采用可调单价施工合同,因而工程不确定、市场不确定引起的风险主要由项目法人/发包方承担。

2.2.3 工程建设组织

2.2.3.1 工程发包组织

工程分成4分区段,包括主体土建工程共16个标段;分水土建工程8个标段;机电设备供应标段、机电设备安装标段、金属结构制安标段19个标段;钢筋与水泥等主要建筑材料供应8个标段。

2.2.3.2 工程管理组织

项目法人即东深供水改造工程建设总指挥部管理组织结构如图2-2所示。

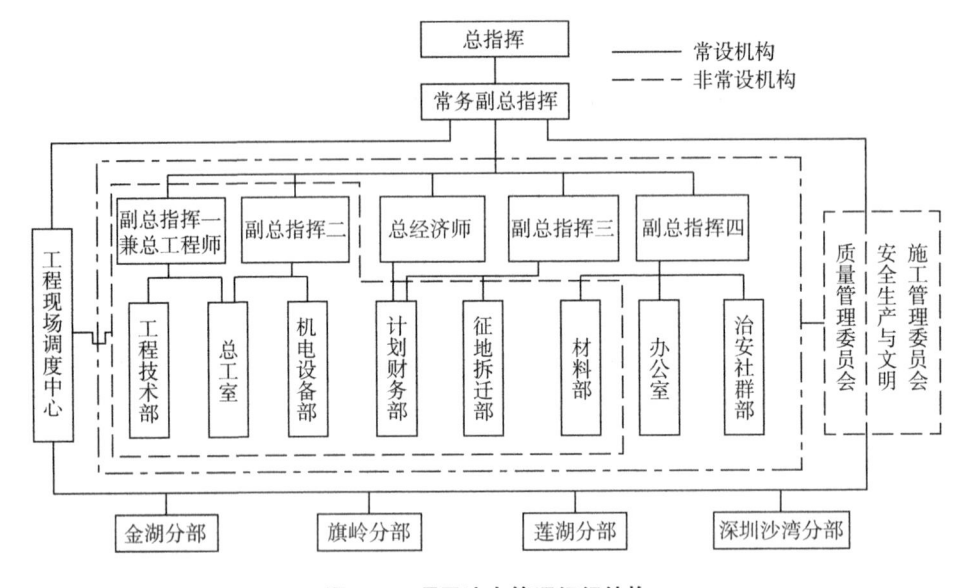

图2-2 项目法人管理组织结构

图2-2中,项目法人总部领导6人,内设6个职能部门,即工程技术部、征地拆迁部、计划财务部、机电设备部、材料部、治安社群部;2个室,即办公室、总工室;下设4个指挥分部,即金湖分部、旗岭分部、莲湖分部和深圳沙湾分部,并设立3个非常设机构,即工程现场调度中心、质量管理委员会、安全生产与文明施工管理委员会。内设机构主要职能如下:

(1)总指挥。由广东省水利厅厅长兼任,负责总指挥部全面工作。

(2)常务副总指挥。由广东省水利厅副厅长兼任,受总指挥委托负责主持总指挥部日常工作,并对总指挥负责,常务副总指挥下辖副总指挥一至四名、总工程师、总经济师。

(3)副总指挥一。协助常务副总指挥具体负责工程建设的全面管理工作;分管质量管理委员会、安全生产与文明施工管理委员会、工程技术部、莲湖分部、旗岭分部、金湖分部、工程现场调度中心。

（4）副总指挥二。分管总指挥部办公室、材料部、治安社群部；负责总指挥部人事工作、纪检、监察、临时党支部、宣传等方面的管理工作。

（5）副总指挥三。分管计划财务部、征地拆迁部工作；负责合同管理、工程预决算、工程投资控制等方面的管理工作。

（6）副总指挥四。分管机电设备部工作；全面负责机电设备工程方面的技术、科研及管理等方面工作。

（7）总工程师。分管总工室；负责整个工程的技术管理工作。

（8）总经济师。协助分管计划财务部；负责工程建设投资控制、审查工作，参与合同管理工作。

（9）工程现场调度中心。负责现场工程变更管理、协调各方的关系。其下设办公室，日常工作由工程技术部负责。成员包括副总指挥一、总工程师、总经济师、工程各方，为非常设机构。

（10）工程技术部。工程技术部负责工程招投标、质量、进度、安全、验收管理；重大技术问题的论证和处理；工程现场调度；对设计、监理和施工各方监督协调管理；劳动竞赛组织管理。

（11）总工室。总工室负责工程技术管理、技术服务与技术监督；贯彻执行国家法律、水利行业法规、技术标准；组织大型结构工程、关键工序施工技术方案的研究、论证工作；科研项目的组织与立项审批。

（12）材料部。材料部负责材料供应的招标、合同、计划、验收、质量、仓库和结算等方面的管理；负责各供应商、材料生产厂家、材料使用单位的协调工作。

（13）机电设备部。机电设备部全面负责机电工程的招标、合同、计划、进度、安全、质量、技术等管理；对机电安装工程的设计、监理、施工等单位的协调管理；机电工程的验收及交接培训。

（14）计划财务部。计划财务部负责工程建设资金筹措、投资计划与控制管理、工程统计、工程合同管理、成本核算、工程款支付管理、财务报表和统计报表编报、工程结算和决算管理。

（15）征地拆迁部。征地拆迁部负责征地和拆迁管理工作。

（16）治安社群部。治安社群部负责治安社群、消防、安全事故、宣传等工作；协调工程建设过程中与地方的关系。

（17）办公室。办公室负责行政、后勤、文秘、档案、机要保密、信访、办公生活用品、党务、纪检、监察、人事、劳资、医疗保健、计划生育、工程简报和其他宣传工作等方面的管理工作。

非常设机构主要职能如下：

(1) 安全生产与文明施工管理委员会。该会负责工程安全生产、文明施工的管理；下设办公室，日常工作由工程技术部负责；成员包括总指挥、常务副总指挥、副总指挥一至四名、总工程师、各部部长。

(2) 质量管理委员会。该会负责工程质量的管理；下设办公室，日常工作由工程技术部负责；成员包括总指挥、常务副总指挥、副总指挥一至四名、总工程师、各部部长。

东深供水改造工程建设总指挥部下设现场管理机构职能如下：

(1) 莲湖分部。负责 A 标段 4 个施工标段的现场协调、技术、监理、工程量、质量、验收、安全、进度计划等管理。

(2) 旗岭分部。负责 B 标段 6 个施工标段的现场协调、技术、监理、工程量、质量、验收、安全、进度计划等管理。

(3) 金湖分部。负责 C 标段 5 个施工标段的现场协调、技术、监理、工程量、质量、验收、安全、进度计划等管理。

(4) 深圳沙湾分部。负责沙湾隧洞的现场协调、技术、监理、工程量、质量、验收、安全、进度计划等管理。

东深供水改造工程建设总指挥部是一临时机构，均从广东省水利厅系统内抽调，建设高峰期共有编制 48 人，其中研究生及以上学历 13 人，具有高级职称者 16 人，大部分人员有水利工程建设管理经验。

2.2.4 工程建设管理特色与成效

2.2.4.1 工程建设管理特色

(1) 项目法人在实行施工监理的基础上，委托第三方对工程设计方进行监理，以控制设计偏差，减少设计图纸的差错。

(2) 项目法人在工程交易中全面采用考核激励机制，并采用精神和物质激励相结合，奖和罚相结合的方法，有效调动了各参建方包括工程设计、施工、监理等各方的积极性、创造性，促进了工程项目目标高效实现。

2.2.4.2 工程建设管理成效

东深供水改造工程将供水系统由原来的天然河道和敞开的渠道输水变为封闭的专用输水系统，实现了清污分流，并使年供水量由 17.43 亿 m^3 提升到 24.23 亿 m^3，从水质和水量两方面为深圳和香港的经济社会发展提供了保障。在工程建设管理方面，东深供水改造工程取得巨大成功，主要成就有：

(1) 2003 年，东深供水改造工程被广东省列为工程建设领域的一面旗帜。

(2) 2021 年，中宣部授予东深供水工程建设者群体"时代楷模"称号。

(3) 2003年,东深供水改造工程建设与管理获得广东省科技进步特等奖。

(4) 东深供水改造工程先后获得"大禹奖""詹天佑奖""鲁班奖"等多项大奖。

2.3 南水北调东线(江苏段)工程建设管理实践分析

南水北调东线(江苏段)工程,即南水北调东线江苏境内工程,由江苏省政府组织实施[3]。

2.3.1 工程概况与项目顶层治理

2.3.1.1 工程概况

南水北调东线(江苏段)工程,南起长江江苏扬州江都段,北至苏鲁交界南四湖,调水干线404 km,建设9个梯级泵站,扬程40 m左右,抽江规模由现有的400 m³/s扩大到500 m³/s,多年平均抽江水量89亿m³,新增抽江水量39亿m³,其中向江苏增供水量19亿m³,向山东增供水量17亿m³,向安徽增供水量3亿m³,并实现向山东半岛和黄河以北地区各调水50 m³/s目标。调水工程已批复总投资约124亿元,主要建设内容为:扩建、改造运河线调水工程,新建运西线调水工程,新建14座泵站,改造4座大型泵站,形成运河线和运西线双线输水的格局。

2.3.1.2 工程项目顶层治理结构

南水北调东线(江苏段)工程为准经营性项目,建设资金主要来自中央预算内投资、国家重大水利工程建设基金、南水北调工程基金和银行贷款。工程实行"政府主导+市场机制"的建设体制。江苏省政府成立省领导为组长的省南水北调东线工程建设领导小组,下设办公室(挂靠省水利厅),并批准设立南水北调东线江苏水源公司(简称江苏水源公司),该公司在工程建设期负责江苏境内南水北调工程建设管理,即为项目法人;工程建成后,该公司负责江苏境内南水北调工程的供水经营业务。江苏水源公司为江苏省国资委管理的副厅级国有企业,省国资委按相关规定对该公司党建、领导班子和人才建设、发展改革、考核分配等进行监管。

南水北调东线(江苏段)工程的建设工作主要分工如下:

(1) 调水工程,即主体工程。主体工程由江苏水源公司负责实施,包括资金筹措、招标设计、资金使用管理、现场建设管理单位的组建、工程招标、工程质量安全进度管理及已建成泵站的管理等工作。

(2) 征地移民。南水北调工程建设征地补偿和移民安置工作,实行国务院南水北调工程建设委员会领导、省级人民政府负责、县为基础、项目法人参与的管理体制。有关地方各级人民政府确定了相应的主管部门,承担本行政区域内南水北调工程建设征地补偿和移民安置工作。江苏省南水北调东线工程建设领导小组办公室与各市征迁移民机构签订了征地补偿和移民安置投资包干协议书,地方各级政府均签订了相应协议书,对征迁资金实行专账核算、专款专用。

(3) 治污工程。江苏省南水北调东线工程建设领导小组办公室负责治污工程的总体协调。江苏省发展改革委负责综合整治项目的监督指导工作,江苏省建设厅负责污水处理厂的监督、指导和管理工作,江苏省环保厅负责工业点源项目的建设、指导工作。截污导流工程由相关市成立项目法人,江苏省南水北调东线工程建设领导小组办公室负责监督指导。

(4) 质量监督机构。2002年12月至2005年5月,南水北调东线(江苏段)工程由江苏水利工程质量监督中心站行使政府监督职能;2005年6月,国务院南水北调工程建设委员会办公室成立南水北调工程江苏质量监督站,行使政府质量监督职责。

(5) 纪检监察机构。工程建设之初,江苏省纪委、监察厅专门成立了驻南水北调工程纪检工作组。

2.3.2 工程建设组织

南水北调东线(江苏段)工程分成2部分:①调水工程,即输水系统工程,批复总投资112亿元,江苏水源公司为项目法人;②治污工程,分散在各地,批复总投资12亿元,由工程所在地政府部门设立项目法人,实行投资包干,并由江苏省南水北调东线(江苏段)工程建设领导小组办公室监督、指导。下面主要介绍南水北调东线(江苏段)工程建设组织。

2.3.2.1 江苏水源公司内设管理职能部门

江苏水源公司组织结构如图2-3所示。

在图2-3中,江苏水源公司内设6个管理职能部门,其中,工程管理部在建设前期与工程建设部合署办公,在建设后期逐步独立,负责工程运行管理;资产运行部在工程建设收尾阶段开始设立并运作,其下设现场管理机构根据相对独立的设计单元工程而设立。江苏水源公司有编制50人,工程建设期实际约35人,包括现场管理机构部分人员。

2.3.2.2 江苏水源公司下设现场管理机构设立方式

江苏水源公司将整个工程分成40个设计单元(包括治污工程),每个设计单元工程设立现场管理部。现场管理部设立方法为:

(1) 省界设计单元工程,委托流域机构设立现场管理机构,其最大优势是可

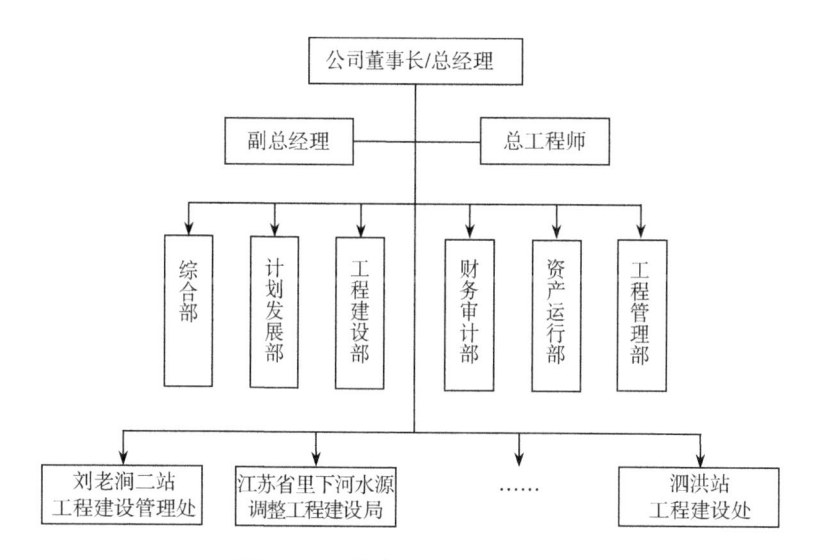

```
                公司董事长/总经理
                        │
            ┌───────────┴───────────┐
         副总经理                 总工程师
            │                        │
  ┌────┬────┼────┬────┬────┐
 综合  计划  工程  财务  资产  工程
 合部  发展  建设  审计  运行  管理
       部    部    部    部    部
  │    │         │              │
  ▼    ▼         ▼              ▼
刘老涧二站  江苏省里下河水源  ……  泗洪站
工程建设管理处  调整工程建设局      工程建设处
```

图 2-3 江苏水源公司组织结构图

以有效地协调跨省工程中的矛盾和冲突。

（2）河道设计单元工程，委托工程所在地县级水利局设立现场管理机构。河道工程沿线分布，施工过程会影响当地群众的生产、生活或利益，需要很强的协调能力。而委托当地县级水利局组建现场管理机构既有一定的专业能力支持，所组建的现场管理机构在公共协调方面又有其优势。

（3）泵站设计单元工程，委托专业咨询机构或江苏水源公司总部构建现场管理机构。泵站设计单元工程的项目管理相对而言对工程技术基础的要求较高，因而在委托专业咨询机构履行现场管理机构职责方面有其优势，这种方式相当于"代建制"；公司总部构建现场管理机构时，一般对外聘请一些专业人士加入，以弥补公司人力资源的不足。

2.3.2.3 江苏水源公司下设现场管理机构主要职能

工程建设现场管理机构，即设计单元工程或设计单元工程组合的建设管理处/局。不同设计单元工程或设计单元工程的管理任务、管理特点存在一定的差异。江苏水源公司采用与工程建设现场管理机构签订年度责任状的方式，明确其管理责任、要实现的目标[4]。案例 2-1 为江苏水源公司与刘老涧二站工程建设管理处签订的建设管理责任状。

【案例 2-1】 刘老涧二站工程现场管理机构建设管理责任状

一、刘老涧二站工程建设概况

根据刘老涧二站工程总体建设方案，2009 年 5 月江苏水源公司先期开工建设站内交通桥工程，至 2009 年 10 月建成通车，2010 年 6 月通过江苏水源公司组织的单位工程暨合同项目验收;2009年10月闸站主体工程施工单位进场,同年11月24日上下游围堰合龙;2011年1月通过水下阶段验收,2011年7月全部机电设备安装调试结束,具备试运行条件,2011年9月通过江苏水源公司组织的试运行验收。

2009年7月,国务院南水北调办公室《关于南水北调东线一期长江—骆马湖段其他工程刘老涧二站工程初步设计报告(概算)的批复》(国调办投计〔2009〕131号),核定刘老涧二站工程概算总投资为20 722万元;批复工程量为土方挖填83.55万m^3(土方开挖36.65万m^3,土方回填46.9万m^3),混凝土3.134 7万m^3,砌石及垫层1.929 1万m^3,钢筋制安2 304 t。

2012年12月,刘老涧二站工程已按初步设计批复的内容,全部完成了泵站主体及引河、节制闸、站内交通桥、站下清污机桥、变电所、水土保持等工程。工程总投资20 722万元;实际完成工程量为土方70.98万m^3(主体工程土方开挖41.71万m^3,填筑25.67万m^3,站内交通桥挖填3.6万m^3),混凝土3.074万m^3、砌石及垫层2 991.34 m^3,钢筋制安2 186.38 t,金属结构制安477.58 t,回转式清污机8台套,卷扬式启闭机3台套,主机泵成套设备4台套,主变压器1台套。

按照我国《水电水利基本建设工程单元工程质量等级评定标准第一部分:土建工程》(DL/T 5113.1—2005)、《水利水电工程施工质量检验与评定规程》(SL 176—2007)、《江苏省水利工程施工质量检验评定标准》(2002年)、《南水北调工程验收工作导则》(NSBD10—2007),对刘老涧二站工程评定验收,其泵站工程、水闸工程2个单位工程全部优良,优良率100%;按照相关行业标准评定验收的站内交通桥工程、房屋建筑工程2个单位工程全部合格,合格率100%。

二、刘老涧二站工程建设现场管理机构

刘老涧二站工程既不完全由江苏水源公司(甲方)直接派员组建建设现场管理机构(处),也不是完全委托地方水行政部门或专业化项目咨询/管理公司而构建管理处,而是采用由江苏水源公司委派管理骨干及若干相关人员,同时从其他咨询或施工单位聘用部分建设管理专业人员的方式构建项目现场管理团队。

刘老涧二站工程建设管理处(乙方)下设工程科、综合科、财务科3个职能科室,配备有12人,其中主要领导及技术负责人4人,综合科2人,工程科4人,财务科2人。

三、刘老涧二站2011年度建设目标管理责任书

(一)考核内容

(1)根据国务院南水北调办公室《关于南水北调东、中线一期工程建设目标安排意见的通知》(国调办建管〔2010〕202号)和南水北调东线江苏境内工程的总体建设计划以及2011年度建设目标,乙方所承建工程2011年度应完成的形

象进度、投资及主要工程量为：

2011年完成主机泵及电气设备安装调试、厂房和控制室装修、管理设施及水保绿化、下游围堰外水下方及围堰拆除等全部工程任务。1月完成闸站工程水下工程阶段验收,5月完成泵站机组试运行验收,9月完成泵站土建施工及设备安装各单位工程及合同项目验收,10月初步具备设计单元竣工验收条件。

年内完成剩余工程投资3 153万元,完成土方开挖23.14万 m^3,土方回填3.23万 m^3,混凝土浇筑0.1万 m^3。

(2) 年度工程建设管理主要目标。

① 综合管理。严格执行"南水北调工程"规定的基建程序,对工程报建、施工图审查、设计变更、施工质量监督、施工验收备案等各项程序,按相关规定规范操作;加强文明工地建设,积极开展文明工地创建活动,加强工程现场党风廉政建设,认真履行廉政合同,年度未发生各类违纪违规事件;建立和完善质量、安全、合同、进度和验收等管理台账;严格执行建设信息报告制度,及时、准确报送工程建设月报、基建统计、质量信息和财务报表;每月在"江苏南水北调网"等媒体发布信息不少于2条;加强档案管理,达到甲方档案专项管理要求。

② 质量管理。加强工程施工质量管理,杜绝重大质量事故,积极争创优质工程。工程质量经施工单位自评、监理单位复评、建设单位审查,所有单元工程质量均合格,且单元工程优良率达85%以上(特殊行业标准除外);或完成的所有单位工程质量全部合格,且单位工程优良率达90%以上(特殊行业标准除外)。

③ 安全管理。加强施工现场的安全管理,杜绝重大安全事故,确保在建工程安全度汛,确保人身安全和国家财产安全,工程实施期间未发生国家规定的等级安全事故。

④ 进度管理。加强工程进度管理,及时协调解决现场各种矛盾,采取有效措施,确保工程顺利实施,确保实现工程年度形象进度、主要工程量和投资任务。

⑤ 投资计划管理。重视实施方案优化,严格控制工程设计和合同变更,合同项目控制在合同规划范围内,严格合同管理,工程项目实际投资控制在合同范围以内。

(二) 考核与奖惩

(1) 乙方应于考核期满时对年度建设目标完成情况进行总结,并向甲方报告。

(2) 根据甲方批复的年度建设计划,甲方每季度对乙方完成的主要工程量和投资等进度情况进行考核,结合国务院南水北调办公室对甲方考核要求另行制定进度考核细则,考核结果作为年度考核的依据。

（3）甲方依据本责任书、《南水北调东线江苏境内工程年度建设目标考核办法》及进度考核细则对乙方进行考核评分。根据考核结果，甲方给予乙方一定的奖励。

（三）双方职责

1. 甲方职责

（1）负责工程建设现场机构的组建，任命现场机构负责人及技术负责人，确定内设部门和现场机构人数；

（2）组织工程初步设计的报审、招标设计的审批工作，批准工程实施方案；

（3）负责招标设计、施工图设计审查审批，并负责工程重大设计变更报审与批复；

（4）负责新开工项目总体实施方案以及在建项目年度建设方案的审查、批准；

（5）负责根据批准的项目年度实施方案，做好年度投资计划的申报、下达及计划执行情况的督促检查；适时组织召开月度、季度进度协调会，对计划完成情况进行检查和考核，协调解决工程建设中出现的重大问题；

（6）负责组织工程招投标工作，商谈并签署工程合同；

（7）协调做好工程征地拆迁和移民安置及实施的外部环境工作；

（8）负责办理工程开工、质量监督手续；

（9）根据国务院南水北调办公室有关规定和《南水北调东线江苏水源有限责任公司在建工程检查办法（试行）》，负责对在建工程的施工质量、安全生产和合同管理进行督促和检查，并组织文明工地评审和报审工作；

（10）组织关键性施工技术和重大问题的研究；

（11）主动接受质量监督部门对工程的质量监督、审查和批复项目划分，组织完成单位工程质量初评，委托检测单位对工程实体进行质量检测；

（12）负责筹措工程建设资金，根据乙方建设管理预算和核准的工程月支付证书，及时拨付工程进度款和建设管理费；

（13）根据国务院南水北调办公室有关规定和《南水北调东线江苏境内工程验收管理实施细则（试行）》，及时组织工程验收，并参加乙方主持的工程验收；

（14）协调和落实工程管理，主持工程的验收移交工作；

（15）指导设计单元工程竣工决算的编制，落实设计单元工程竣工决算的审计工作；

（16）对档案管理工作履行监督、检查、指导职责，施工合同验收前组织进行档案验收；

（17）有关文件规定的其他职责。

2. 乙方职责

(1) 组织现场机构人员到位,任命部门负责人,做出工作分工,制定有关规章制度,建立质量、安全、精神文明建设等分项工作组织;

(2) 负责组织工程招标设计、施工图设计及审查,按规定完善设计变更手续;

(3) 负责编制项目总体实施方案、年度建设方案及投资建设计划,并组织参建单位完成全部工程建设及年度建设任务;

(4) 负责编制工程项目管理预算,并按照核准的项目管理预算严格控制工程投资,按有关规定,管好、用好工程建设资金;

(5) 负责编制及上报项目分标方案,配合做好招投标工作,按期报送招标计划,参与招标文件编制和审查,组织潜在投标人现场踏勘;参与工程评决标、合同商谈和合同签订工作;

(6) 配合做好工程征地拆迁、移民安置工作,协调施工现场及周边群众关系,督促监理、施工单位按合同规定的时间及时进场并做好"三通一平"等开工准备,适时提出开工报告、质量监督申请;

(7) 对所承担工程的质量、安全负责,会同监理、施工单位建立健全质量、安全管理责任网络,明确参建单位质量与安全责任人并落实责任制,建立健全工程质量、安全检查体系,定期或不定期对工程进行巡视和检查,建立和完善质量缺陷备案制度,消除质量和安全隐患;

(8) 主动接受质量监督部门对工程的质量监督,及时编报工程项目划分,督促相关单位落实质量监督检查意见并将落实整改情况及时报备,组织监理、施工单位完成工程质量的自评和初评;

(9) 负责编制年度度汛方案并确保工程安全度汛,负责重大危险源的排查并加强管理,负责编制重特大事故预案并适时进行演练;

(10) 督促监理、施工单位按有关优质工程、文明工地要求,切实保证施工质量,努力改善施工环境,积极争创文明工地,创建优质工程;

(11) 编制项目实施进度计划,定期检查和调整工程实施计划,加强工程外部环境和施工矛盾的协调,督促监理、施工单位采取有效措施,确保合同工期和阶段目标的实现;

(12) 建立和完善质量、安全、合同、进度和验收等管理台账,按时向甲方报送工程建设月报、工程质量信息、工程基建和财务报表;

(13) 履行合同约定的有关业主方职责、权利和义务,参与合同的谈判和签订并做好相关准备工作,审核工程月支付证书并及时拨付合格工程进度款,按合同规定审查工程变更和索赔;

（14）按照国务院南水北调办公室有关规定和《南水北调东线江苏境内工程验收管理实施细则(试行)》，积极做好工程验收的各项准备工作，主持做好部分工程验收，并督促监理、施工单位及时处理验收遗留问题；

（15）及时完成工程结算和竣工决算，并配合做好竣工决算的审计工作；

（16）按照档案管理规定，负责工程档案的收集、整编并通过档案专项验收，档案及时移交有关部门归档；

（17）有关文件和合同规定的其他职责。

2.3.3　工程建设管理主要特色

（1）将与地方联系密切，又与主体工程无直接相关的事项，采用全面承包的方式，交由地方政府负责，让项目法人将主要精力投入主体工程建设和管理。

（2）江苏省政府设立工程建设运行管理一体化的责任主体为江苏水源公司，属省国资委管理(副厅级)。该公司一开始就将工程的建设与运行管理一并考虑，这在职能部门和人员编制设置中均有体现。

（3）根据调水工程沿线分布、总长达 404 km 的特点，将其分为 40 个设计单元工程进行管理，每个设计单元工程设置现场管理机构，承担工程施工过程管理职责。

（4）根据设计单元工程特点，组建现场管理机构，充分发挥现场管理机构的作用。

（5）用建设管理责任状的方式，明确公司总部与现场管理机构职责，并采用考核激励机制，以充分调动现场管理机构的积极性。

2.4　珠江三角洲水资源配置工程建设管理实践分析

珠江三角洲水资源配置工程为 2014 年国务院部署的 172 项节水供水重大水利工程之一。

2.4.1　工程概况与项目顶层治理结构

2.4.1.1　工程概况

珠江三角洲水资源配置工程从广东省西江水系向珠江三角洲东部引水，旨在解决深圳、东莞、广州南沙等地发展缺水问题。工程建成后，年设计输水量 17.08 亿 m³，其中广州南沙 5.31 亿 m³，东莞 3.30 亿 m³，深圳 8.47 亿 m³。同时，工程将有效改变以往受水区单一供水格局，提高城市的供水安全性和应急保障能力，对保障城市供水安全和经济社会发展具有重要作用，同时也将为粤港澳大湾区发展提供战略支撑。

珠江三角洲水资源配置工程由1条干线、2条分干线、1条支线、3座泵站和4座调蓄水库组成，输水线路总长113.2km；工程概算总投资约354亿元；建设总工期60个月[5]。2019年5月，该工程全面开工。

2.4.1.2 项目顶层治理结构

广东省政府授权省国资委下属广东粤海控股集团有限公司组建项目公司，即广东粤海珠三角供水有限公司，其在工程建设期履行项目法人职责，工程运行期承担工程运行维护任务。

广东粤海珠三角供水有限公司为广东粤海控股集团有限公司和广州市南沙、东莞市、深圳市属企业参股的项目公司，注册资本182.87亿元，参股比例分别为34.0%、32.73%、20.52%和12.75%。

2019年广东省政府成立水利重大项目建设指挥部（包括所有水利重大项目），负责协调、指挥推进项目建设工作；指挥部下设办公室，挂靠广东省水利厅，负责指挥部的日常工作。广东省水利厅负责工程建设协调、指导和服务工作；广东省审计厅负责审计监督和保障工作；广东省国资委做好项目推进的指导服务和考核工作。

2.4.2 工程建设组织

2.4.2.1 项目设计施工组织

广东粤海珠三角供水有限公司采用设计施工相分离的工程交易方式，即DBB方式。其中，珠江三角洲水资源配置工程设计由广东省水利电力勘测设计研究院有限公司承担；工程施工在空间上分成15个标段，采用市场机制平行发包，并将相应的施工监理分成6个标段，采用市场机制选择工程监理单位承担。

2.4.2.2 项目管理组织

（1）广东粤海珠三角供水有限公司整体组织结构图。2020年6月，广东粤海珠三角供水有限公司将工程正式开工时的管理组织结构进行了调整，形成如图2-4所示的公司管理组织结构图。

（2）公司内设职能管理机构。如图2-4所示，公司内设10个职能管理部门。

① 党群人事部。该部负责党建、思想政治、意识形态、精神文明、群团组织、人力资源规划、招聘配置、干部选拔任用、绩效管理、薪酬福利、培训发展、劳动关系、外事管理、企业文化及宣传管理、品牌管理，维稳及舆情管理。

② 安全质量部。该部统筹安全生产工作、安全监督、质量监督，分部及以上工程验收，应急管理、参建单位考核、调度监控中心管理。

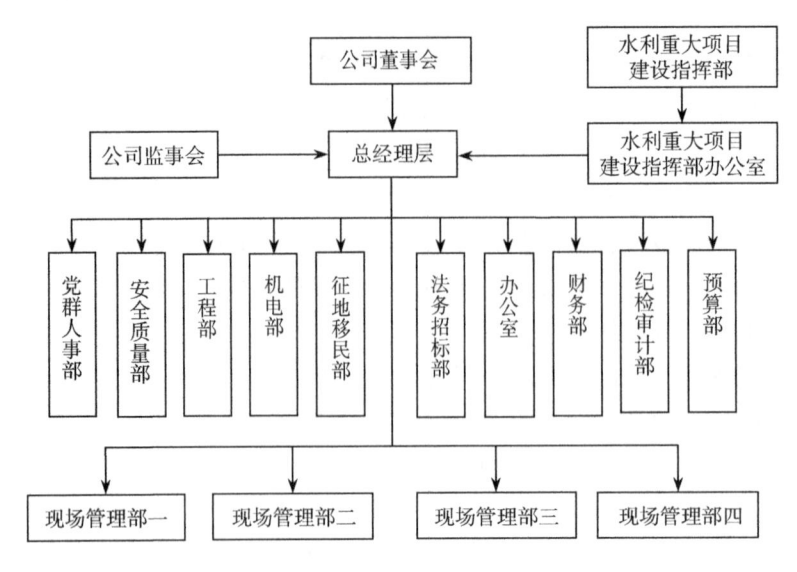

图 2-4　广东粤海珠三角供水有限公司组织结构图

③ 工程部。该部统筹工程建设安全、质量、进度、设计及变更、科研、创优管理，水保和环保管理，土建工程技术管理，农民工工资专项管理。

④ 机电部。该部负责机电工程建设安全、质量、进度、设计及变更、技术、科研管理，设备采购及监造管理，智慧工程建设管理，信息化管理。

⑤ 征地移民部。该部负责工程用地报批、征地移民、征地移民资金管理、征地移民档案管理，工程建设范围外的水保和环保项目管理，与征地移民相关的地方关系协调、维稳工作。

⑥ 法务招标部。该部负责法务及法律咨询管理、招标管理、合同管理、法律纠纷案件管理、合规管理、全面风险管理、内部控制管理、企业法治建设。

⑦ 办公室。该部负责公司治理与高层会议、综合文秘、档案管理、行政后勤管理、公司驻地安全及安保、战略管理、社会责任。

⑧ 财务部。该部负责全面预算管理、资金管理、财务管理、会计核算、产权和资产管理、税务管理、工程保险、财务信息化、工程财务决算、水价管理。

⑨ 纪检审计部。该部负责党风廉政建设和反腐败工作、纪检、信访工作、审计监督配合及管理、工作督办及效能监督，负责联系公司监事会工作。

⑩ 预算部。该部负责工程概预算管理、结算管理、投资动态管理、工程统计信息报送、工程合同变更管理。

（3）公司下设现场管理机构。广东粤海珠三角供水有限公司根据工程空间分布和标段划分，下设 4 个现场管理机构，主要负责分管所属标段范围内工程的监管工作，包括安全管理、质量管理、进度管理、成本管理、签证管理、文明施工、工程信息报送,参建单位管理,工程安保,地方关系协调。

2.4.3 工程建设管理主要特色

(1) 珠江三角洲水资源配置工程资金来源主要包括中央政府、省级政府、广东粤海控股集团有限公司、主要受水区地方政府所属国资企业(股东),以及银行贷款。建设运行期各主要受水区承包最小用水量,并交纳相应费用。广东粤海珠三角供水有限公司盈利时,各股东按出资比例分成。

(2) 在省级政府主导下,由省级政府所属企业与工程受益方地方政府所属企业出资成立股份公司为项目法人,这在国内是首创。其优势是在工程建设和运行过程中,能充分调动工程相关方的积极性,将各方优势变成合力,并分散或减轻工程建设和运行过程中所遇风险。

(3) 项目法人的"双重治理"结构。广东粤海珠三角供水有限公司是一家股份制公司,其在公司董事会领导下,在监理会监督下按公司章程运行,即广东粤海珠三角供水有限公司在传统公司治理机制下运作公司;此外,作为项目法人的广东粤海珠三角供水有限公司,在政府主管部门的监督、指导、协调下实施项目,即在项目顶层治理机制下运作工程项目。这种"双重治理"结构和机制,必将促进项目管理水平的提升。

(4) 在工程实施过程中,广东粤海珠三角供水有限公司继续深入应用市场机制,针对承包方工程交易中信息占优、面临"道德风险"的可能,根据工程平行发包组织的特点,广泛采用锦标赛激励机制,包括正激励与负激励,以及物质激励和精神激励的结合。每季度对工程施工方、监理方组织考核、评比/排名、激励,并将现场考核激励结果通报项目部所属公司。通过考核激励,在充分调动工程项目部现场人员积极性的同时,促进所在承包企业高层加强对施工/监理项目部的监督、管理,"双管"齐下,推动工程项目管理水平的提升,促进工程项目目标的实现。

2.5 大型水资源配置工程建设管理经验与优化的探讨

本章前面的 4 个案例中,前 3 个工程已经建成,并分属地市级、省级和国家级的大型水资源配置工程,它们的建设管理均取得了成功。珊溪水利枢纽工程质量等级优良。①工程安全:建设中未发生 1 例安全责任死亡事故。②工程投资:实际投资比初步设计概算节省约 8.641 亿元,比修编概算节省 3.781 亿元。③东深供水改造工程获 2004 年度中国建设工程鲁班奖和广东省科技进步特等奖;南水北调工程东线(江苏段)建设管理模式被正在建设中的引江济淮(安徽段)工程所借鉴,大型高性能低扬程泵关键技术 2017 年获得江苏省科技进步一等奖。第4个珠江三角洲水资源配置工程正在建设之中。

2.5.1 建设管理的主要经验

(1) 坚持"政府主导+市场机制"的工程建设体制。大型水资源配置工程属公共项目，涉及多个行政区划/主体的利益，在项目立项期要求工程所在地的高/顶层政府协调各方利益关系，在照顾各方利益的基础上，实现工程效益最大化，因而项目顶层政府要发挥主导作用。在工程实施阶段，谁来投资，谁来负责项目的实施是关键问题。由于大型水资源配置工程一般为准经营性项目，相关政府一般须参与投资，即使是经营性项目，因其具有公共属性，涉及工程服务产品的定价等问题和如何设立项目法人；项目顶层的政府必须科学谋划设计，并对项目法人组建方案等重大问题进行决策。大型水资源配置工程实施过程建设条件复杂，也少不了政府参与协调。此外，大型水资源配置工程过程中运用市场机制是必然选择，实践证明，其是突破"投资无底洞，工期马拉松"的有效措施。珊溪水利枢纽工程采用招标承包制降低了工程投资，缩短了建设工期；东深供水改造工程采用招标承包机制，并在此工程基础上，在工程合同履行过程中进一步运用市场机制中的考核激励机制，调动了各方的积极性与创造性，工程进度、质量、投资和安全目标全面"超预期"完成，实现了工程建设多方面的"大丰收"。

(2) 项目法人应具有强大的项目管理、协调能力。大型水资源配置工程在公共社会影响方面，涉及多行政区划、利益相关方多；在工程技术方面建筑类型多、技术复杂。这些均要求项目法人具有强大的项目管理能力。珊溪水利枢纽工程、东深供水改造工程均有政府工作人员直接作为项目法人单位的主要领导，这在要求政企分开的新时代并不推崇，事实上也不规范，但它们的共同特点是加强了项目管理团队的管理和协调能力。其中，东深供水改造工程项目法人管理团队技术能力也十分强大，48名管理人员中拥有高级职称者占16名，且大多具有水利工程建设管理经历。南水北调工程东线(江苏段)项目法人单位主要负责人长期从事工程建设管理，具有深厚的建设管理理论基础和丰富的建设实践经验，在下设现场管理机构设置中，根据工程特点合理选择设置方式就是建设管理中的重要创新举措。此外，工程项目是一临时性任务，其过程逻辑关系严密；也存在一个临时性组织，即项目法人单位作为领导核心。项目法人单位领导的稳定十分重要。上述3个工程在实施过程中，项目法人单位的主要领导均没有变，直到完成任务后才结束使命。这对项目法人单位的领导不论是成就感的培养，还是责任追究均是有必要的。

(3) 项目实施过程政府协调、监督和指导必须有保障。大型水资源配置工程分布范围广，影响面宽，所涉及的利益相关方多，上至省市区县级政府，下至某户居民。此外,还有一些主体工程之外的附属工程建设,如南水北调东线(江苏段)工程中的治污工程。这些问题涉及众多方面,十分复杂。对征地移民问题,有必要像珊溪水利枢纽工程那样,层层构建管理机构,实施层层包干负责;对附属工程实施,有必要像南水北调东线(江苏段)工程那样,让地方政府包干。与此同时,项目顶层政府成立临时专门机构负责监督、指导,确保工作效率和公平合理。

2.5.2 建设管理优化空间

本章介绍的4个大型水资源配置工程建设管理案例,并不是完美无缺的,由于时代环境、管理相关技术的局限,以及外部环境还在改革发展之中,项目管理上的一些方面还有待进一步优化。

(1) 实现项目顶层治理体系和治理能力的现代化。大型水资源配置工程属公共准经营性项目,政府一般需要参与投资与监管。另外,政府一般设立项目实施责任主体,即项目法人;而项目法人则采用市场机制实施项目,即采用交易方式,选择工程咨询方、施工方实施项目。因此,大型水资源配置工程实施有2个层面:项目顶层,包括政府和项目法人;项目交易层,包括项目法人/发包方和工程咨询方与承包方。在现代国家治理体系中,项目顶层中政府的主要职责是提供建设资金、设立项目法人和临时监管部门、对工程建设过程中的重大问题进行决策、协调工程建设问题,如征地拆迁等,以及对项目法人监管;项目法人的职责是组织项目交易/实施。显然,在珊溪水利枢纽工程、东深供水改造工程实施中,项目顶层治理设计中有不足,存在"既当运动员,又是裁判员"的问题。提升项目法人管理项目的路径有:科学合理设置项目法人;给项目法人更多自主决策权,为项目法人提供更多服务、排忧解难;加强对项目法人的考核激励和监督,充分调动项目法人的积极性和创造性。

(2) 优化项目法人管理组织结构。由于大型水资源配置工程的重要特点之一是分散,因此项目法人单位分2个管理层是难以避免的,否则,管理成本会更高。然而,根据工程特点,科学合理设置这2个管理层,有较大优化空间,特别是在信息技术发达的今天,有条件也有必要对项目法人管理组织结构进行优化。珊溪水利枢纽工程、东深供水改造工程内设管理职能机构均较多,应认识到工程项目是一项临时性任务,有必要从项目目标出发分析管理岗位、管理职能部门。这其中,首先要厘清每个目标管理对管理者专业素质或技能的要求,然后进行分类;其次根据工作任务或工作量考虑岗位设置,以及工作任务的持续时段;最后系统考虑部门设置。对于上下2个管理层的关系,要充分考虑到不同管理岗位的工作特点,上下2个管理层要明确对接关系,但并不要求一一对接,要充分利用现代信息技术,实现平台共用、信息共享。如珊溪水利枢纽工程建设期在现场管理机构均设有财务管理部门,在现代视角下,现场管理机构的财务管理部门完全可以精简,完全可以与合同管理人员整合,一般子项工程仅现场设立合同与财务管理岗位即可,对规模较大的子项工程才应设立管理职能部门。

(3) 科学构建工程交易/实施中的考核激励机制。工程交易与一般商品交易不同,具有"先订货,后生产""边生产,边交易"的特点。此外,工程交易市场是卖方市场,即工程招标时,发包方/项目法人占主导地位,潜在工程承包方十分被动,但一旦确定中标承包人,并与其签订工程合同,工程发包方与承包方的地位就产生了变化,工程承包方的主要优势有:工程技术优势、工程实施过程的信息优势,特别是后者。因此,在工程实施,即工程合同履行过程双方的利益博弈中,工程承包方占优势。如何破局?在理论上,委托代理理论指明了方向,通过合同分配工程风险和考核激励调动工程承包方的积极性[6]。大型水资源配置工程,由于工程规模大,分布广,一般采用分段分项发包,同时有多个工程承包方在实施工程,即履行工程合同。针对这一特点,在一般考核激励的基础上,可进一步考虑采用锦标赛激励机制[7],以提升激励的效果。在这一方面东深供水改造工程率先在工程建设领域起了个头,积累了一定的经验[2,8],但在新时代有待进一步创新发展。

(4) 优化项目法人下设现场管理机构设置方案。珊溪水利枢纽工程和南水北调东线(江苏段)工程均下设有现场管理机构,而该机构规模较大,配置管理人员在 10~20 人,并均设有财务管理等部门,与项目法人的职能管理机构分工不是十分清晰,像缩小的"项目法人职能管理机构"。事实上,项目法人内设职能管理机构与下设现场管理机构应该有清晰的管理职能分工、明确的工作重点,并要充分借助现代信息管理技术,发挥现代信息管理系统在项目管理中的作用,以提高管理效率、管理质量。如在现代信息技术支持下,现场管理机构中的财务管理部门完全可以撤销,由项目法人(总部)的财务管理部门统一管理。对于工程安全、环保控制主要体现在施工现场,现场管理机构的监管人员数量和能力则应该增加和加强,即将安全、环保监管的重心移至施工现场,而不能主要靠项目法人(总部)的职能机构。对于工程质量监管,其重心也应在工程现场,包括工程进场材料验收、单元工程质量评定、质量签证等,项目法人(总部)负责工程质量标准确定、总体协调,对现场质量监管工作进行指导、考核。工程合同管理的前端工作,包括工程计量,以及工程现场其他信息的收集等也应以现场管理机构为主。总之,现场管理机构的工作应以工程现场安全、环保、质量监管,以及现场信息收集为中心,并大力借助现代信息技术,提高监管效率和质量。而项目法人(总部)职能管理机构在现代信息技术支持下,进行系统协调,对现场管理机构的工作进行指导、考核,对工程项目实施过程中较为重要的问题进行决策。

(5) 推动"党建进工地",增强高质量建设工程的内生动力。在大型水资源配置工程上,应用市场机制的最大优势是引进竞争机制,提升工程建设效率,促进重大工程建设投资和进度目标的实现。但国内外工程项目实践也表明,工程建设市场机制也有一定的局限性,参与工程建设的主体注重利益的问题较为突出。虽然针对这一问题国内外已经有许多研究成果及相应的措施,如加强监管、合理分配工程风险、考核激励等,人们试图解决这一问题,但均存在一定的局限性。显然,解决这一问题的关键点是要增强工程承包方高质量完成工程建设任务的内生动力。这里可重温我国计划经济年代实施重大工程的历史。那时在党建引领下,凝聚参建各方力量,发挥参建各方的作用,各参建方的积极性、创造性对促进重大工程建设均产生了极大作用,更重要的是在精神层面调动了各参建方的积极性。在新时代建设中国特色社会主义事业的征程上,在应用市场机制的同时,完全有基础和条件将党组织建在工地上,充分发挥党支部的战斗堡垒作用和党员的先锋模范作用,在精神和物质两方面同时发力,充分调动参建方的积极性、创造性。对此,水利部也发布了有关工作的通知[9]。

2.6 本章小结

(1) 大型水资源配置工程的基本特点。在工程结构上,呈线状分布,一般跨越多个县级行政区划以上,单体工程的规模一般,但单体工程类型十分丰富,常包括输水渠道、渡槽、隧洞和/或泵站等;在经济管理上,投资规模大,从几十亿元到几百亿元,一般为准公益/经营性项目,政府参与投资,建设过程一般要分区段设置建设和运营管理机构;在建设环境上,征地拆迁,甚至移民的任务一般较重,建设过程受到的制约较多,包括项目建设受影响方、工程建设的交通运输、与其他行业工程的交叉等。

(2) 大型水资源配置工程实行"政府主导+市场机制"的建设制度。通常由政府组织项目的立项研究,项目立项后,由政府负责或授权组建项目法人,对项目实施过程重大问题进行决策,协调项目实施中各相关方的关系,为项目法人提供服务同时对其进行监管。项目法人按初步设计明确的建设目标,按市场机制要求实施项目,并对项目目标的实现负主要责任。项目法人的组织形式有事业型和企业型,有必要根据工程特点,特别是工程的经济属性、建设环境、政府部门管理项目的经验积累,进行合理选择。

(3) 本章介绍了进入 21 世纪以来 4 个典型大型水资源配置工程建设管理模式及其特色,虽每一工程各有特色,且不在同一年代,不在同一地区,但还是有共性的方面值得进一步发展:一是政府的主导作用,包括设立项目法人、协调建设环境,以及对项目法人的考核与监督;二是政府充分授权,由项目法人依法实施项目,政府为其提供服务,最理想的方法是政府与项目法人签订《项目实施责任书》,明确政府与项目法人各自的职责。

(4) 在新时代,要贯彻新发展理念,以党建引领,构建大型水资源配置工程新格局。要充分发挥我国的政治制度优势,积极探索党建进工地,大力推行科学的考核激励机制,增强高质量建设工程的内生动力。

参考文献

[1] 河海大学. 浙江省飞云江珊溪水利枢纽建设与管理研究报告[R]. 南京:河海大学,2009.

[2] 广东省东江—深圳供水改造工程建设总指挥部. 东深供水改造工程第一卷 建设管理[M]. 北京:中国水利水电出版社,2005.

[3] 张劲松. 南水北调——东线源头探索与实践[M]. 南京:江苏科学技术出版社,2009.

[4] 河海大学. 南水北调东线(江苏段)工程建设与管理[R]. 南京:河海大学,2016.

[5] 严振瑞. 珠江三角洲水资源配置工程关键技术问题思考[J]. 水利规划与设计,2015(11):48-51.

[6] 沙凯逊. 建设项目治理十讲[M]. 北京:中国建筑工业出版社,2017.

[7] 魏光兴,唐瑶. 考虑偏好异质特征的锦标竞赛激励结构与效果分析[J]. 运筹与管理,2017,26(9):113-126.

[8] 广东省总工会,等. 东深供水改造工程 开展劳动竞赛的探索和实践[M]. 北京:中国水利水电出版社,2004.

[9] 水利部办公厅. 关于开展水利工程建设"党建进工地"试点工作的通知[EB/OL]. 2021-06-11.

第3章

大型水资源配置工程项目风险分配研究

在我国,大型水资源配置工程采用"政府主导+市场机制"的管理体制[1],在这一体制下,工程实施和运维过程均为交易过程,因而工程项目风险分配即为工程交易过程的风险分配。其中,大型水资源配置工程建成后运维过程风险分配问题更为复杂,其涉及用水户之间的利益分配,以及工程运维企业与用水户之间的利益分配。

3.1 建设工程实施/交易特点分析

3.1.1 建设工程实施/交易的共性

在市场经济环境下,不论是什么水利建设工程或其他土木建设工程,在项目实施/交易过程中均具有下列共性。

3.1.1.1 建设工程交易的特殊性

目前,我国正在实行社会主义市场经济体制,国家层面上颁布有相关法律法规,如《中华人民共和国招标投标法》《中华人民共和国招标投标法实施条例》等。在这些法律和条例中明确规定,建设工程实行招标投标制度,即应用市场机制或交易机制。而建设工程交易与一般商品交易不同,具有其特殊性,具体表现为:

(1)工程交易方式多样化,应科学选择。工程建设过程一般分为设计和施工过程,这也形成了两类基本的工程交易方式:一是工程采购方将设计与施工分开,先委托工程设计/咨询方设计工程,然后选择工程实施方/承包方完成工程建设任务,即所谓设计-招标-施工方式(即 DBB 方式);二是工程采购方将设计与施工整合,选择具有承担工程设计施工能力的承包方(或者联合体)完成工程建设任务,即所谓工程设计施工工程总承包方式(即 DB/EPC 方式)。2 种工程交易方式各有特色,有必要进行合理选择。

(2) 建设工程交易为卖方市场。一般商品总是生产方寻找客户或商品使用方,即卖方寻找买方;而买方可通过市场进行比较,选择功能、质量和价格等方面均较适合的产品;买方通过比较、选择,以获得满意的商品,并"一手付钱,一手易货"。这其中买方始终占主导地位,而生产厂商对产品质量不敢马虎,对产品价格也不敢乱要。而对于建设工程交易通常是"先订货,后生产""边生产,边交易"。虽在工程产品采购方选择工程生产方/承包方时占主导地位,并在选中工程承包方的同时,签订工程合同并确定了工程的价格,但工程产品的生产并没有开始。而在工程产品生产过程中,工程承包方占主动地位,即卖方市场。它主要体现在:一方面,工程产品生产质量如何控制,承包方占主动地位;另一方面,由于工程的一次性和固定性,工程实施过程与合同不一致的现象经常发生,这就形成了所谓工程变更。工程变更的工程内容其价格一般需要重新确定,此时,工程产品买方,即工程发包方原有的优势已不复存在。

(3) 建设工程交易过程,专业监管不能缺失。工程交易方式为"先订货,后生产",工程采购方对工程产品的质量难以把握。这主要有两方面的因素:一是对工程承包方而言,工程建设是一次性的生产任务,而不是制造业中的重复生产过程,这在客观上是工程存在质量风险的一个因素;二是工程承包方存在追求利润本能,当利润和工程质量安全发生冲突时,利润总是占第一位,质量和安全将会放在第二位、第三位,这是"经济人"的本性而决定的。基于这两方面的考量,工程发包方有必要对工程交易过程进行监管。工程实施过程专业性较强,当工程发包方没有足够能力监管时,有必要委托工程咨询方对工程交易过程进行监管,这是目前我国多年来实行"监理制"的一个重要原因。当然,这种"监理制"也并不是代表工程发包方监管的唯一方式,也可以将工程设计与工程交易监管 2 个任务整合,由工程发包方委托 1 家咨询单位完成。这在英国是常用的一种工程交易监管方式。

3.1.1.2 建设工程交易过程存在一临时多边组织

(1) 建设工程交易的持续性。建设工程交易过程并不是"一手付钱,一手易货",而是"先订货,后生产""边生产,边交易",需要持续较长的时间,即为建设工期,并存在一个促使该交易完成的临时性多边组织[2]。

(2) 工程项目这一临时性多边组织内"权威"受到挑战。工程项目是一次性任务,该任务由一临时性多边组织完成。但这一组织是以"一对多"的多个合同为纽带而连接的组织,该组织中各主体是平等的,"权威"受到挑战,因而传统组织理论在此失灵。然而,交易成本理论、委托代理理论、合同不完全理论在此可广泛应用,具有十分强大的生命力。

(3) 工程项目这一临时性多边组织内激励机制应受到重视。严格来说这一临时性多边组织是以工程采购方/发包方为核心的,具有"一对多"特征的多边组织。工程发包方可以依据委托代理理论,采用科学设计激励机制,对工程承包方、咨询方进行激励,以提升他们为实现项目目标而努力工作的积极性,进而促进工程建设目标的实现。

3.1.2 大型水资源配置工程实施/交易的特殊性分析

与一般工程项目相比,大型水资源配置工程实施/交易有下列特殊性:

(1) 不确定性大。大型水资源配置工程一般是跨县级行政区划,甚至是跨省级行政区划;工程呈线状分布,由众多类型建筑物串联而成,单体工程并不一定很大,但会穿越各种地形地貌,会遇到各类地质环境;在工程勘测设计阶段尽管按相关标准进行了勘测,但在工程实施阶段还常会出现实际地形、地质条件与勘测成果存在差异的情况,因而由于自然环境引起的不确定性就出现了,可概括为"现场数据"不确定性大。此外,大型水资源配置工程建设工期一般在 5 年以上,这意味着建设用材料、人工和机械价格的不确定性客观存在。如南水北调东线(江苏段)工程中的淮阴三站工程于 2007 年下半年开工,建设工期 2 年,此时正遇国际金融危机,国内建筑用钢价格猛涨,几乎是翻了一番,而工程合同采用的是不可调价计价方式。因而,工程承包方面临着巨大的风险,不得不提出终止合同的申请。

(2) 建设环境十分复杂。大型水资源配置工程线路一旦确定,不论什么地形地貌和地质条件,建设者一般都需要面对,这仅是自然方面,更复杂的是社会方面因素。大型水资源配置工程所经之地并不都是受益方,总存在一些区域只受损而不受益。这些区域内的政府和群众一般对实施工程持不积极态度,因而在工程实施过程中会遇到特殊的困难。即使是工程的受益地区,不同工程方案对这些地区所造成的受益和受损的结果是不同的,经常是工程规划设计时就存在工程所在相关行政区划政府方的博弈;工程方案确定后,在具体面对群众的征地拆迁、施工过程对工程周边群众的影响问题的处理时,经常也十分棘手。此外,大型水资源配置工程穿越公路、铁路或其他公共建筑时,遇到的问题通常也十分复杂。

(3) 管理难度大、成本高。大型水资源配置工程项目的不确定性、建设环境的复杂性,势必会增加管理难度,提升建设管理成本。四川省向家坝灌区工程(北)总投资 76 亿元,包括中央、省和 4 个市政府投入资金,以及通过市场的融资;工程涉及宜宾、自贡、内江、泸州 4 个市的 12 个县(区),工程总干渠总长 122.68 km,项目法人组织 92 人的团队对项目进行管理,但由于工程涉及范围广,征地拆迁、移民安置,以及解决与交通、城建已建工程交叉的问题多,协调、管理的工作量十分繁重。目前工程进度仅过半,但初步设计概算中的建设管理费已基本用完。

3.2 传统建设工程交易方式下风险分配研究

建设工程交易方式先由工程所在地上级政府组建项目法人,然后由项目法人采用市场机制实施项目。因而建设工程交易风险承受主体主要为项目法人与工程承包方,该风险的分配在它们之间展开。此外,建设工程交易方式分为设计施工相分离的建设方式(DBB方式)和设计施工一体化的建设方式,即设计施工工程总承包方式(DB/EPC方式)。DBB方式和DB/EPC方式项目实施的组织方式不同,风险分配的机制也不尽相同。

3.2.1 DBB方式下项目风险分配

(1) DBB交易方式,即设计-招标-施工的交易方式,这种工程交易方式的一般过程为:

①工程采购方/发包方先行组织工程设计,并要求设计成果达到一定的精度,然后编制工程量清单,包括确定每一子项工程的数量。

②根据这一具体的工程量清单,组织工程招标,要求潜在承包人根据工程量清单提出各项单价和总价,即工程报价。

③工程发包人根据工程报价等方面因素,确定工程承包人,并依据其报价签订工程交易合同。

④双方履行工程交易合同,即实施工程;在履行合同中一般按月统计完成的工程,并按该工程量和合同中所约定相应的单价支付费用。

(2) DBB交易方式下项目实施中风险分配。在上述工程交易合同中,一般规定:

①工程交易支付费用依工程量清单中的单价和实际发生的工程量支付。显然,在这一规定下,对于工程量的不确定性带来的风险,当实际工程量增加时,风险由工程发包方承担。

②工程交易单价可根据市场单价变化进行调整,也可以不调整,这是一可选项。主要决定于工程用材料、人工和机械市场价格的波动性,以及对工程交易/实施时间的长短考量。对一般工程而言,工程建设工期超过1年时,采用可调单价方案分配风险更加合理。

总体而言,采用DBB交易方式时,工程实施过程风险分配较为合理。工程承包方不会承担更多的风险;当然,风险与利润总是并存的,工程承包方也不会因工程的不确定性或市场的波动而获得超额的利润。

3.2.2 DB/EPC 方式下项目风险合理分配

3.2.2.1 DB/EPC 方式及其特点

(1) DB/EPC 方式,即设计施工工程总承包方式,这种方式的一般过程为:

①工程采购方/发包方先行组织工程设计,当工程完成初步设计后,还需要深入设计,但能估计出工程总体价格,此时就组织工程招标,选择工程承包人,其承包内容就包括工程详细设计和施工。

②通过招标选择承包人,并与其签订工程合同。一般 DB/EPC 方式采用的是总价合同。与 DBB 方式相比,DB/EPC 方式不存在工程量清单,一个工程总价确定交易,交易过程一般也不允许调整工程价格,但在合同中确定交易支付的几个节点。

(2) DB/EPC 方式的特点。与 DBB 方式相比,DB/EPC 方式有下列特点:

①工程的设计施工交由一个承包主体完成,可减少工程采购/发包方管理工作量,即可降低工程交易成本。

②设计施工由一个承包主体完成,可为其提供更多的优化工程的机会,也可降低社会成本。

③采用工程总价合同,可调动工程承包主体优化工程的积极性,即有机会获得更多利润。

④工程承包主体可能面临较大的风险。当工程不确定性较大,以及建设工期较长并市场价格波动较大时,工程承包主体可能面临较大的风险,也可能获得超额的利润。

(3) DB/EPC 方式的适用环境。DB/EPC 方式有降低工程发包方管理工作量、激励工程承包方优化工程积极性的优势,但其短板十分明显:对不确定性较大的工程将会面临较大的风险。因此,国际咨询工程师联合会(FIDIC)《设计采购施工(EPC)/交钥匙工程合同条件》的前言中推荐:EPC 方式可适用于以交钥匙方式提供加工或动力设备、工厂或类似设施,或基础设施工程或其他类型开发项目;项目最终价格和要求的工期具有更大程度的确定性。同时在其序中指出该合同条件不适用的情况有[3]:

①如果工程项目招标过程中投标人没有足够时间或资料,以仔细研究和核查工程发包方要求,或进行项目风险评估。

②如果建设工程的内容涉及相当数量的地下工程,或是投标人未能对工程内容进行调查的情况。

③如果工程发包方要求严密监督或控制承包方的建设活动,或要审核大部

分施工图纸。

④如果每次期中付款的款额要经工程发包方职员或其他中间人确定。

3.2.2.2 考虑"现场数据"不确定性的 DB/EPC 方式下风险的合理分配

大型水资源配置工程的特征之一是"现场数据"不确定性大,采用总价合同可能会导致较大的风险。而调整其合同计价方式,合理分配风险,将是推广应用 DB/EPC 方式、充分发挥其优势的有效方法。

(1) 基于工程"现场数据"不确定性的分析。对于"现场数据"不确定性引起的风险或利益分配问题,解决的方法与工程发包方如何看待风险有很大的关系。工程总承包项目中的工程数据不确定,一方面引发工程量不确定,存在较大的工程量风险,但同时因为工程总承包先招标后设计,又意味着工程存在着较大的优化或增值空间。认识到这两方面,就应将不确定性较大的工程总承包项目与不确定性较小的其他工程总承包项目予以区别对待,不能一味照搬固定总价合同,而应该选择或设计一种更适合工程特点的计价方式。合理的合同计价方式应该能够同时解决这样两个突出问题:一方面,能有效控制工程发包方风险,使工程发包方支付费用控制在一定范围内;另一方面,激励工程承包方承担一定风险,积极开展工程优化,实现工程项目增值。

(2) 工程总承包合同计价方式的设计思路[4]。DB/EPC 方式与 DBB 方式相比,重要差别之一是合同计价方式。前者采用总价合同(lump sum contract, LSC),后者采用单价合同(unit price contract, UPC)。事实上,在工程实践中,除了这 2 种基于价格的合同之外,人们还提出另外 3 种基于成本的合同:限定最高价合同(guaranteed maximum price contract, GMPC)、目标成本合同(target cost contract, TCC)和成本加固定酬金合同/成本补偿合同(Cost Plus Fixed-Fee Contract, CPFFC)。图 3-1 描述了这些不同类型合同之间的内在联系。

图 3-1 中除了单价合同,其他 4 种合同的典型形式,如总价合同中的固定总

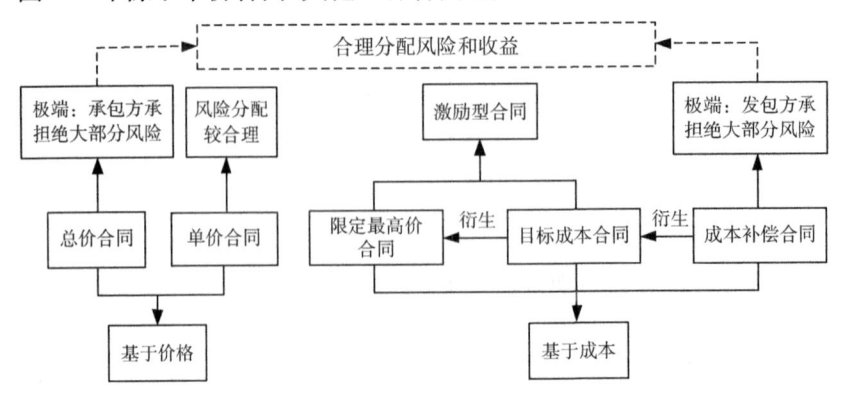

图 3-1 不同合同计价方式间关系示意图

价合同,实质上均包括以下几个参数:固定费用或目标成本、实际成本,以及风险或收益分配比例。为了讨论方便,将基于价格的总价合同下的"固定费用"和基于成本的3种合同下的"目标成本"[限定最高价合同中的限定最高价(GMP)可视为目标成本]统称为"目标成本"。

因此,除单价合同之外的其他4种合同计价方式实际由4个参数决定,即:目标利润(Π_T)、目标成本(C_T)、实际成本(C_A)和分配比例(α)。对于某些合同计价方式,上述某1个或某2个参数为常数(或为0)。

如上文所述,若工程承包方的实际利润为Π_C,则目标成本合同可表达为:

$$\Pi_C = \Pi_T + \alpha(C_T - C_A) \tag{3-1}$$

由式(3-1)可以得到:

(1) 当$\alpha=1$时,$\Pi_C=\Pi_T+C_T-C_A=P_T-C_A$,$P_T$为目标价格,如果将其看成固定费用,则此时的合同就是固定总价合同。

(2) 当$\alpha=0$时,$\Pi_C=\Pi_T$,即承包方的实际利润仅为目标利润,此时的合同即可视为是成本加固定费用合同,属于成本补偿合同。

(3) 当在$C_T-C_A<0$的情况下$\alpha=0$时,若将目标成本相应地看成是限定最高价合同,则该合同就变成了限定最高价合同。

由此可见,上述4种合同之间在形式上有相似之处。事实上,对于单价合同,也可表达成类似形式。假定综合单价用p表示,除去利润部分后的单价(暂且称为成本单价)用p_c表示,清单工程量用Q_B表示,实际发生工程量用Q_A表示,而将以清单工程量计算出的利润视为目标利润,则单价合同中工程承包方的实际利润可表达为:

$$\begin{aligned}\Pi_C &= P_A - C_A = pQ_A - p_cQ_A = (p-p_c)Q_A \\ &= (p-p_c)Q_B + (-1)(p-p_c)(Q_B-Q_A) \\ &= \Pi_T + [(-1)(p-p_c)/p_c](p_cQ_B - p_cQ_A) \\ &= \Pi_T + [(p_c-p)/p_c](C_T - C_A)\end{aligned} \tag{3-2}$$

显然,式(3-2)的形式和式(3-1)是相似的,相当于$\alpha=(p_c-p)/p<0$,为负值。与其他合同不同的是,单价合同中利润隐含在单价里,其将风险明确地分为单价风险和工程量风险,这是单价合同和其他几种合同不同的特别之处。

对于上述4个参数,假定目标利润Π_T在各种合同计价方式下相同,则可将其初始化为零,这并不影响讨论。由此,在设计合同计价方式时,主要需考虑3个参数,即目标成本、实际成本和分配比例。正是因为这些参数的差异,导致不同合同计价方式产生的效果差异很大。在合同计价方式设计时,可以针对这3个参数进行全新设计,也可以在现有合同计价方式基础上选择合适的类型,设置合理的参数,或对其进行改进,或选择混合使用多种合同计价方式。从整个过程来看,合同计价方式的简要设计思路如图3-2所示。

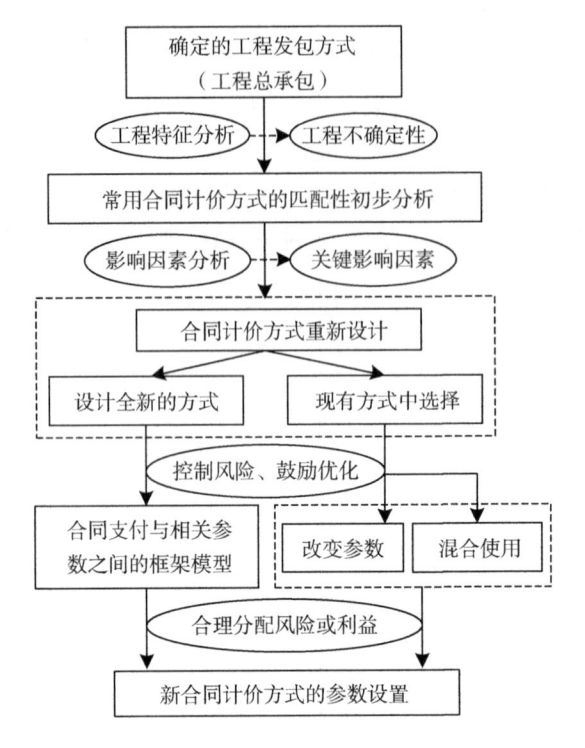

图 3-2 合同计价方式的简要设计思路

此处主要对现有合同计价方式进行探讨,故可从现有合同计价方式中选择一种合适的计价方式,通过合理设置其参数进行改进来满足需要,也可选择几种计价方式混合使用。

对于"现场数据"不确定性较大的工程总承包项目(DB/EPC方式),合同计价方式设计要注意两个方面:一是鼓励工程承包方优化工程,以获得更优的工程结构和优化收益,或控制工程量的增加,降低工程风险,这样实行工程总承包才能真正发挥其相比于DBB方式的独特优势;二是要充分考虑工程承包方的诚信水平。

3.3 政府与企业合作项目风险分配与再分配研究

3.3.1 大型水资源配置工程的政府与企业合作及其风险

3.3.1.1 政府与企业合作问题

大型水资源配置工程属准公益性项目,国内外实践表明,采用政府与企业合作模式对其进行建设和运维有其优势,主要表现为:由政府对项目重大问题决策、协调项目相关利益方的关系,并投入行使监管职责的部分建设资金,而让企业投资和/或贷款另外一部分建设资金、负责工程建设和工程建成后的运维,其既有利于解决单由政府投资的资金缺口问题,也有利于提升工程建设和运维的效率。因而这种模式被广泛接受,在国际上被称为PPP(public-private partnership)项目,即政府与企业合作项目。

但大型水资源配置工程,一般建设期在5年以上,运行期常有几十年,其中存在许多不确定性/风险。如建设期自然要素变化、市场波动引起工程造价超工程概算的问题;工程营运过程中运维成本随市场价格的波动而提升的问题。这些是最为常见的在大型水资源配置工程中政府与企业合作中遇到的问题。

3.3.1.2 政府与企业合作风险问题

大型水资源配置工程政府与企业合作中由于自然或社会因素,出现的超概算问题和运维成本增加问题,本质上均为不可抗力引起的风险,自然需要在受水方/用户(政府为代表)和建设/运维企业间分配。如何对这些不可抗力风险进行分配,这是值得研究的问题。这主要在于,政府在与企业签订合作协议/合同时,部分风险类型可以预期,而部分风险却难以预期。可以预期部分风险可在合作双方的合同中确定对其进行分配规则,不能预期部分风险就不可能提出其分配规则。

3.3.2 政府与企业合作项目风险的责任与风险分配

3.3.2.1 政府与企业合作项目运作阶段、合作方式

(1) 政府与企业合作项目的运作阶段。政府与企业合作项目一般情况可分为项目前期规划、特许经营合同签订、项目建设、项目营运和转让等多个阶段。其中,项目建设、项目营运期政府方与私人方存在风险分配或再分配的问题。项目建设期一般1~3年,对规模巨大、复杂的项目,建设期可能超过3年;政府与企业合作项目特许经营一般较长,如30年左右,这决定于项目投资回报率等方面因素。大多政府与企业合作项目特许经营期满后,私人方就应将项目无偿地移交给政府,除非另有专门约定。

(2) 政府与企业合作的"家族"与风险分配。在政府与企业合作项目建设和特许经营期,根据政府与企业合作项目的特点,一般政府根据其运作项目的短板,如建设资金缺乏,或项目运作人才和能力不足等,选择与私人方适当的合作方式,这就出现了政府与企业合作的"家族"中建设经营转让[BOT(build operate transfer)]、建设拥有经营转让[BOOT(build own operate transfer)]、移交经营转让[TOT(transfer operate transfer)]等具体合作方式的选择问题。所选合

作方式不同,政府或企业在政府与企业合作项目建设和营运中扮演角色也不同,相应的权利、义务和责任更不同,相应风险分配与再分配的方式更是不尽相同。

3.3.2.2 政府与企业合作项目风险及其分解

政府与企业合作项目是一个参与主体众多的分层系统,其中第一层面的直接参与方为政府和企业。在其建设和营运中,它们面临着众多风险。这些风险责任如何形成和分解,这是首先要关注的。

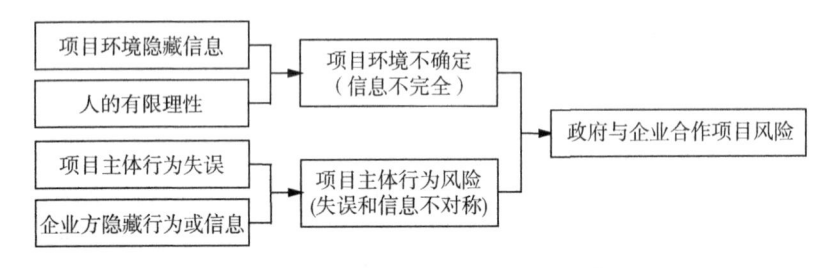

(1) 政府与企业合作项目风险形成逻辑。政府与企业合作项目风险的主要因素包括法律变更、市场需求变化、市场收益不足、自然不可抗力、政府决策失误、政府信用缺失、腐败等[5,6]。这些因素实际可归纳为政府与企业合作项目环境风险,包括自然的和社会的风险。项目环境风险,一方面是由于项目环境确实随着时间变化而发生改变,这是不以项目参与方的意志为转移的;另一方面是由于人认识世界的局限性而带来的风险,即人们对客观世界实际存在的风险在签订合同时没有认识到[7,8]。学者们发现政府与企业合作项目主体行为风险主要表现为:一是由于技术或判断力方面的因素,主体行为会出现失误;二是有限理性造成的合同不完整所带来的道德风险,即在项目履行中信息占优的代理方会隐藏行为或信息,并使委托方面临着道德风险。根据上述分析,并结合对我国政府与企业合作项目实践的调查,得到政府与企业合作项目建设和营运过程风险形成逻辑,如图 3-3 所示。

图 3-3 政府与企业合作项目风险形成逻辑

图 3-3 中,项目外部环境不确定引起的风险大部分均存在分配的问题;政府方面临的由于企业方隐藏行为或信息而引发的"道德风险",是在项目风险再分配中要关注的主要风险。

(2) 政府与企业合作项目风险分解。为深入研究政府与企业合作项目中风险分配和再分配问题,按项目风险来源、风险承担主体,以及风险能否给责任/承担主体带来收益等几个维度,对政府与企业合作项目建设和营运风险进行分解,结果如图 3-4 所示。

图 3-4 中,纯风险是指只有损失可能而无获利机会的风险;投机风险是相对

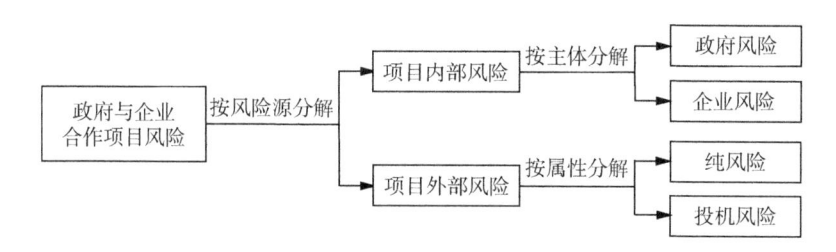

```
                              ┌──按主体分解──┬─ 政府风险
                   ┌─ 项目内部风险 ┤            └─ 企业风险
政府与企业  按风险源分解 ┤
合作项目风险         │            ┌──按属性分解──┬─ 纯风险
                   └─ 项目外部风险 ┤            └─ 投机风险
```

图 3-4 政府与企业合作项目风险分解图

于纯风险而言的,是指既有损失机会又有获利可能的风险。

3.3.2.3 政府与企业合作项目合作主体的风险责任

按政府与企业合作项目的产权归属,可将其分为两大类:一类为政府与企业合作项目产权属政府,如 BOT 项目;另一类政府与企业合作项目产权属企业,如 BOOT 项目,这两类政府与企业合作项目风险责任不尽相同。

对 BOT 类项目,政府方拥有项目产权,基于公平关切,除政府方和企业各自应承担由于自身组织不当或决策失误等方面而引起的风险,即各自引起的风险由各自承担责任外,对于来自政府与企业合作项目建设或营运环境因素引起的项目外部风险,从产权理论,以及风险和收益对等的原则[9],应由政府方来承担政府与企业合作项目外部环境的风险责任。同理,对 BOOT 类项目,企业方拥有项目产权,除政府应承担自身组织和决策失误等方面风险责任外,其他项目风险责任均应由企业方承担。据此,可得政府与企业合作项目主体风险责任初始承担原则,如表 3-1 所示。

表 3-1 政府与企业合作项目主体风险责任初始承担原则

责任主体	政府方拥有政府与企业合作项目产权			企业方拥有政府与企业合作项目产权		
	政府方失误原因风险	企业方失误原因风险	项目外部环境原因风险	政府方失误原因风险	企业方失误原因风险	项目外部环境原因风险
企业方		承担风险			承担风险	承担风险
政府方	承担风险		承担风险	承担风险		

3.3.2.4 政府与企业合作项目两类风险分配

根据政府与企业合作项目产权的归属,如表 3-1 所示,政府方或企业方初始承担政府与企业合作项目风险责任,在公平视角下是合理的。但对政府与企业合作项目整体绩效而言,这一政府与企业合作项目风险责任承担原则是不科学、不合理的。众所周知,就政府与企业合作项目而言,在建设期通常追求的是低成本或低造价,而项目营运期,则寻求高收益或高回报。政府方和企业方应对风险的成本是不同的,如对自然环境引发的风险,一般若让企业方应对成本可能更低[10]。由此引出了政府与企业合作项目主体风险责任转移/分配的问题,即将政府与企业合作项目风险责任在政府方与企业方之间进行分配,以降低政府与企业合作项目的总造价,或提升项目营运整体效益或回报。分配方案包括:对某一本应由政府方或企业方承担的风险全部或部分分配给另一方,而让政府方或企业方向另一方补偿风险应对的成本,一些情况下还应包括补偿所失利润。

政府与企业合作项目风险分配可分为初始分配和再分配。前者是指政府方和私人方在签订项目(特许经营)合同时的风险分配,项目风险分配的方案在政府与企业合作项目合同中体现,对应风险分配方案的风险应对成本补偿也在合同中体现;后者是项目合同履行过程中,即项目建设或营运过程中新风险产生或原估计风险消失后,对原合同风险分配方案的调整,即风险再分配,调整后的风险分配方案在合同双方确认后,作为原合同的补充,纳入整个政府与企业合作项目合同体系。两者在分配过程或机制上的差异较大。

政府与企业合作项目风险初始分配过程为:政府方首先策划政府与企业合作项目合同方案,其中包括政府与企业合作项目风险初始分配方案;然后通过招标或竞争性谈判(讨价还价),最后双方签订合同,即完成政府与企业合作项目风险初始分配。显然,这一过程与一般建设工程项目交易的合同形成过程类似,风险分配方法也类似,其中政府方占主导地位,但引进竞争机制后,使因风险转移产生的补偿得到合理体现。所不同的是,项目的营运期增加了,政府与企业合作项目合同期长,有许多风险在签订合同时没有被识别或还没有出现,因而政府与企业合作项目合同的不完全性在运营合同中体现得会更明显。

政府与企业合作项目风险再分配的情景为,项目合同正在履行,企业方占有较多交易信息的优势。这与一般工程项目交易过程的变更或索赔情景类似[11],其中企业方在交易信息上占优势。差异在于因政府与企业合作项目合同不完全性明显,即不可预见的因素会更多,合同双方面临的风险会更大,因而一般建设项目变更的处理机制可在政府与企业合作项目风险管理中作为参考,但不能套用。

3.3.3 政府与企业合作项目风险初始分配

3.3.3.1 政府与企业合作项目合同与两类风险

(1) 政府与企业合作项目(特许经营)合同。基础设施项目一般由政府方提供以及垄断经营,政府方通常由于建设资金短缺,或营运能力不足,或为提升政府与企业合作项目营运效率,以项目(特许经营)合同为纽带与企业方合作,包括合作建设和营运项目。显然,项目合同扮演重要角色。政府与企业合作项目合同定义项目,规定政府方和私人方在项目建设和营运过程中的责任、权利和义务,并对政府与企业合作项目风险具有分配功能,即项目风险的初始分配。政府方可充分利用该合同科学、合理地将项目风险分配给企业方;而企业方在投标或竞争性谈判过程中一般会研究项目风险初始分配方案,并在项目合同报价或特许经营期确认中充分考虑应对所承担项目风险的成本。

(2) 政府与企业合作项目的两类风险。政府方在设计政府与企业合作项目条件和设计项目风险分配方案时,首先,政府方有必要考虑是纯风险,还是投机风险,这两类风险分配原则存在差异。对纯风险只会给企业资本方带来额外成本;而对投机风险,既给企业资本方带来额外成本,也可能给企业资本方带来额外收益。其次,企业资本方在投标或竞争性谈判过程中也有必要考虑这方面因素,对不同类风险采取不同报价策略。

3.3.3.2 政府与企业合作项目两类风险初始分配原则

为降低政府与企业合作项目建设总成本或提升政府与企业合作项目的总体营运效益,可充分利用政府与企业合作项目(特许经营)合同,将本应由政府方或企业方分担的项目外部风险转移或分配给应对成本较低的另一方,并补偿相应应对风险的成本。将这种政府方和企业方在合作谈判或招标过程中,借助项目合同分配风险的过程称为政府与企业合作项目风险初始分配。

政府与企业合作项目结构类型、产品种类或服务类型,以及政府方与企业方合作等方面均存在较大差异,要设计出每一政府与企业合作项目外部风险分配方案,其成本将会很高,甚至是困难的。因此有必要研究相关风险分配的基本原则,为具体政府与企业合作项目外部风险分配提供指导。

项目纯风险和投机风险是两类性质完全不同的风险,应将其分别进行讨论。

(1) 项目纯风险初始分配原则。基于项目的视角,并考虑将风险控制在某一水平,政府与企业合作项目分配的动因是谋求应对项目风险的低成本。因此,纯风险初始分配原则应为"低应对成本"原则,即是否将本应由政府方承担的风险向企业方转移/分配,决定于企业方应对风险的成本是否较低。若较低,则政府方将风险分配给企业方承担,并向其补偿其应对风险的成本。"低应对成本"原则中应考虑企业方应对风险的能力等方面,若企业方所承担的风险超出了其能力,显然应对成本会上升,甚至会导致政府与企业合作项目的失败。

(2) 项目投机风险初始分配原则。投机风险的特点是损失和获利均有可能性,在"低应对成本"的原则下,有必要考虑损失和获利对等,以体现交易过程的公平性和对风险承担方的激励。因此,对投机风险初始分配,基本原则应有:一是"低应对成本"原则;二是"损失和获利对等"原则,并且首先考虑前者。

纯风险和投机风险的分配原则存在较大差异。应注意到,工程应用中它们是一个相对的概念。如企业方营运项目的成本总是由消耗量,即人工、机械/工具或物料消耗量乘以相应的单价所构成,而一般认为消耗量是不变量,单价是可变量,但要注意到当合同期较长时,随着环境变化,如技术的进步,消耗量也在变化,其可能成了投机风险。例如,暴雨一般被认为是给人们带来负面影响的纯风险,但当气象技术发展后,其也会给水电站这类政府与企业合作项目创造更多的收益,这时其也成了投机风险。

3.3.3.3 不同合作方式政府与企业合作项目风险初始分配方法

根据政府与企业合作项目产权归属不同,即政府与企业合作项目"家族"中合作方式不同的项目,风险初始分配方法不尽相同。

(1) 产权属政府方的政府与企业合作项目,如 BOT 项目风险初始分配。政府方和企业方各自承担自身原因引起风险的责任;政府方应承担项目外部环境原因引起的风险责任。若政府方拟将自己原因引起的风险和项目外部环境因素引起的纯风险转移/分配给企业方时,采用"低应对成本"原则进行分配;若政府方拟将项目外部环境原因引起的投机风险转移/分配给企业方时,采用"应对成本低"以及"损失与获利对等"原则分配。

(2) 产权属企业方的政府与企业合作项目,如 BOOT 项目风险初始分配。此时,政府方承担自身原因引起的风险责任;企业方承担自身原因和项目外部环境引起的风险责任。政府方拟将自己原因引起的风险转移/分配企业方时,采用"低应对成本"的原则分配。而对由项目环境因素引起的外部风险,本就应由企业方承担,不存在由政府方向企业方转移的问题。

综上所述,针对政府与企业合作项目"家族"中的经典 BOT 和 BOOT 项目,可得到如下推论:①与 BOT 项目相比,BOOT 项目企业方要承担项目更多的风险;而政府方较少地向企业方转移/分配风险;②与 BOOT 项目相比,BOT 项目政府方会将更多项目风险分配给企业方;③对项目营运期的部分风险,不论是 BOT 项目,还是 BOOT 项目一般是由企业方承担风险,这在于企业方应对风险成本较低;④对部分风险由谁承担自身具有不确定性,这决定于双方谁的应对风险成本更低。这些推论可解释胡振等对日本 15 个政府与企业合作项目案例研究的结果[12]。

3.3.4 政府与企业合作项目风险再分配

政府与企业合作项目合同属长期合同,由于人的认识有限理性、项目外部环境的不确定等方面因素,政府与企业合作项目合同履行过程中新风险的出现或原被识别风险的消失不可避免,因此存在项目风险再分配的问题。

3.3.4.1 政府与企业合作项目风险再分配的特点

与一般建设项目相比,政府与企业合作项目风险再分配有如下特点:

(1) 政府与企业合作项目合同期长,会面临更多的风险。政府与企业合作项目大多合约期有10~30年,在我国有些政府与企业合作项目的合作期长达50年。显然合作期越长,客观世界变化会越多,因而政府与企业合作项目面临的风险会多于一般建设项目。

(2) 政府与企业合作项目合同不完全性问题更加突出。一般建设项目均具有不确定性,而政府与企业合作项目除工程建设期外,还存在比工程建设期更长的营运期,因而政府与企业合作项目合同其不完全性进一步加剧,对政府方而言面临的道德风险将更加严重。

(3) 政府与企业合作项目环境有利于行为主体机会主义动机发展。一般建设项目业主方委托工程设计方设计,工程承包方施工,有时还委托第三方对承包合同进行监管。因此,工程项目治理结构相对较为完善,工程承包方的机会主义动机受到较大程度遏制。而对政府与企业合作项目,政府方与企业方签订项目合作合同后,交由企业方组织工程设计、施工,以及工程建设后的营运管理,这给企业方机会主义行为的发展提供了空间,同时也增加了项目在履行中出现风险的分配难度。

(4) 政府与企业合作项目交易治理结构简单,增加了合同在履行过程中风险再分配的难度。建设项目治理已经历了200多年的实践,形成了较为完善的项目风险分配体系,包括交易治理组织结构,以及工程调价、工程变更和索赔处理机制等,其本质是项目风险再分配机制。这其中较为完善的治理结构保障了项目风险再分配过程合同双方容易达成共识。对政府与企业合作项目,政府方将工程项目实施任务全部交由企业方完成,并由其去完成项目的实施和运行管理,并不存在与一般建设项目类似的交易治理结构。这对降低政府方的交易成本,并调动企业方的积极性、创造性将产生积极影响,但对项目实施过程的风险再分配带来较大难度,如何平衡两者关系值得探讨。

3.3.4.2 政府与企业合作项目风险再分配应对策略

分析政府与企业合作项目风险再分配的特点,可将其困难或复杂性归纳为2个要素:一是政府与企业合作项目合同和项目实施的治理结构均具有不完备性;二是政府与企业合作项目合作期合同双方存在较为严重的信息不对称性。在这里有必要围绕这2个要素,考虑风险应对策略。

(1) 完善政府与企业合作项目(特许经营)合同。政府与企业合作项目合同不完备是其风险再分配问题的根源,该风险虽发生在合同签订后,而且主要还是在项目营运期,优化合同设计,特别是引进针对政府与企业合作项目合同特点的机制,是应对政府与企业合作项目风险再分配的主要策略之一。

①政府与企业合作项目合同条款的可变/灵活机制。世界银行、欧洲银行和非洲发展银行等联合发布的文件《PPP Reference Guide Version 3》认为,政府与企业合作项目双方在一个很短的时间内达成一个长期承诺,将不可避免存在疏忽和失误,制定政府与企业合作项目合同的一个主要难题是,如何在合同条件的确定性和灵活性之间保持平衡。因此,政府与企业合作项目合同多以不完全合同的形式签订[13],即在政府与企业合作项目合同中嵌入若干可变条件的条款,以满足这种长期合同的履行需要。当不确定因素或风险发生时,合同双方有一套明确的依据和确定的程序来重新调整责任、权利和分配义务,即项目新增风险/超额收益的再分配。政府与企业合作项目合同并不是追求将双方所涉的各类事项详细地、刚性地列入合同,而是构建一种完备的、能有效地调整项目合同条款的机制,以在一定程度上弥补政府与企业合作项目的不完全性[14]。显然,此处政府与企业合作项目合同可变/灵活的要点是合理引进合同条款的柔性,对项目提供的服务价格、项目特许经营期和收益率,以及项目风险再分配(相应再谈判)的周期等均设置可变条款。如,对营运数据可观察的情形,政府与企业合作项目价格可变条款的设计,可在合同中仅做出"最低价格""最高价格"或"限额幅度"的安排,同时列出价格可变条款的适用情形,这十分有利于政府与企业合作项目风险的再分配。又如,双方再谈判时间间隔,在第一次再谈判时间确定的基础上,第二次以后各次谈判的时间间隔可确定一个范围,具体可在每次再谈判时确定下次再谈判时间。

②政府方的政府与企业合作项目风险定期评估机制。这指政府方对项目建设或营运现状的分析,并不对政府与企业合作项目合同履行产生影响。由于政府方不参与项目建设的具体管理,项目运行状态信息缺失,政府方因而在政府与企业合作项目风险再分配谈判中缺少依据。政府方借助项目评估这一手段可弥补这一不足。21世纪初英国伦敦整个地铁系统的升级改造的政府与企业合作项目中采用了这一机制[15];我国引江济淮(河南段)的政府与企业合作的项目也采用了这一机制[16]。它们的共同特点是确定一个相对固定的时间,即确定风险再分配周期。在这中间,政府代表或第三方专家组定期对项目建设或营运现状进行评估。这对合同双方深入把握现状,包括发现存在的风险因素、可能面临的风险事件,对增进双方对项目营运的了解并形成共同的认识均具有重要意义,也对维持合同稳定与适应以及及时隔断项目风险源,化解合同双方可能存在的冲突有重要作用。政府与企业合作项目合同在签订时,对项目建设期和营运期风险定期评估和分配的时间间隔应分别确定,并在后续项目风险再分配时,将其定为可调整事项。项目风险再分配周期内,可组织2~3次项目风险定期评估,或

每年组织1次项目风险评估。

③政府与企业合作项目风险再分配争端解决机制。项目风险再分配涉及合同双方利益,而由于合同双方存在信息不对称等方面因素,在项目建设或运营过程中争端难以避免。争端解决机制的主要内容包括:项目风险定期评估和风险再分配的组织结构、项目风险再分配实施程序等方面。

(2) 构建科学的政府与企业合作项目治理结构。科学的项目治理结构是政府与企业合作项目风险再分配成功的基础,但若构建一般建设项目治理结构不仅政府方交易成本高,而且会挫伤企业方的积极性和降低项目实施和营运效率。因此,如何合理优化政府与企业合作项目治理结构十分重要。

①政府方设立政府与企业合作项目代表。在政府与企业合作项目建设和营运期,政府与企业合作项目交易双方存在严重的交易信息不对称。借鉴英国伦敦地铁系统改造的政府与企业合作项目和我国引江济淮工程(河南段)的政府与企业合作项目的实践经验[15,16],政府方有必要派若干项目代表进驻项目现场,并有1各代表参与政府与企业合作项目管理团队,其主要职责包括对项目建设期和营运期运作的合法性、财务运作的合规性进行审核,以及负责政府方与企业方沟通与协调等。项目在风险定期评估过程中,也有必要让政府方代表成为项目风险定期评估团队成员,参与项目风险定期评估。政府方代表每季度或每半年应向政府主管部门报告项目营运状态。

②政府方与企业方共同设立政府与企业合作项目风险再分配协调机构(dispute avoidance adjudication board,DAAB)。参考FIDIC合同条款设立DAAB经验[12,17],构建政府与企业合作项目风险评估与再分配协调机构。该DAAB由3~5人组成,政府方和企业方各推荐1~2位专家,并由他们推荐1名组长。DAAB的专家应熟悉政府与企业合作项目建设或营运管理,并为政府方与企业方均认可。DAAB是一临时组织,每次项目风险分配再谈判前可进入项目为期1~2个月的项目风险评估工作,并提出评估报告,而后按政府与企业合作项目合同规定时间、程序对项目风险再分配方案进行评审,对方案中出现的争端问题提出指导性处理意见。政府与企业合作项目双方对风险再分配方案达成一致的协议将作为政府与企业合作项目合同的组成部分/补充,作为项目双方后续履约的依据之一。

(3) 合理设计政府与企业合作项目风险再分配运作程序。政府与企业合作项目合同的长期性和不完全性,决定了政府与企业合作项目合同调整/风险再分配不可回避,同时也预示着争端事项出现难以避免,这就要求构建科学合理的政府与企业合作项目风险再分配的程序,以缓解矛盾、冲突,降低项目交易成本,并实现合同双方"共赢"。

政府与企业合作项目初始交易一般由政府方主导,包括起草合同条件,并经招标或竞争性谈判,确定项目特许经营方并与之签订合同。政府与企业合作项目风险再分配过程本质上也是一次交易过程,但没有竞争性,双方最后通过谈判达成协议[18]。然而,在政府与企业合作项目风险再分配的交易过程中,不存在竞争,政府方难以主导,反之企业方在交易信息上占优,即主动权掌握在企业方。因此,政府方有必要在初始合同中规定,一方面在项目风险再谈判前的规定时间内,企业方应提出政府与企业合作项目合同条款调整清单和再分配/谈判项目风险清单,分别如表3-2和表3-3所示,即提出项目风险再分配方案;另一方面组织独立的、专业的第三方机构,即 DAAB,对这2项清单进行分析、评价,并提出指导建议,以协调关系、缩小双方在谈判过程中可能出现的分歧或争端,用较低的交易成本促使双方在政府与企业合作项目风险再分配过程中达成协议。构建如图3-5所示的政府与企业合作项目风险再分配运作程序。

表 3-2　政府与企业合作项目(特许经营)合同条款调整清单

调整属性	合同编号	条款名称	原条款内容	修改或新增条款内容	相关说明或依据
修　改					
新　增					

表 3-3　项目风险再分配/谈判清单

风险类型	风险名称	风险影响因素	风险属性	风险分配建议方案	风险分配依据和相关说明附件
已识别风险					
新增加风险					

注:风险属性分为纯风险和投机风险。

图3-5中,规定时间为期望双方就政府与企业合作项目风险再分配方案达成协议所形成新的政府与企业合作项目开始履行的时间。若双方通过协商达不成协议,而是通过仲裁方式达成协议,则新的政府与企业合作项目合同开始履行也为这一时间。

3.4　本章小结

(1)在市场机制环境下,大型水资源配置工程实施过程就是一交易过程,而由于其沿线分布且涉及数县(区),甚至跨省级行政区划,因而面临的地形地貌和地质条件复杂,不确定性大,实施/交易过程面临的风险也大。

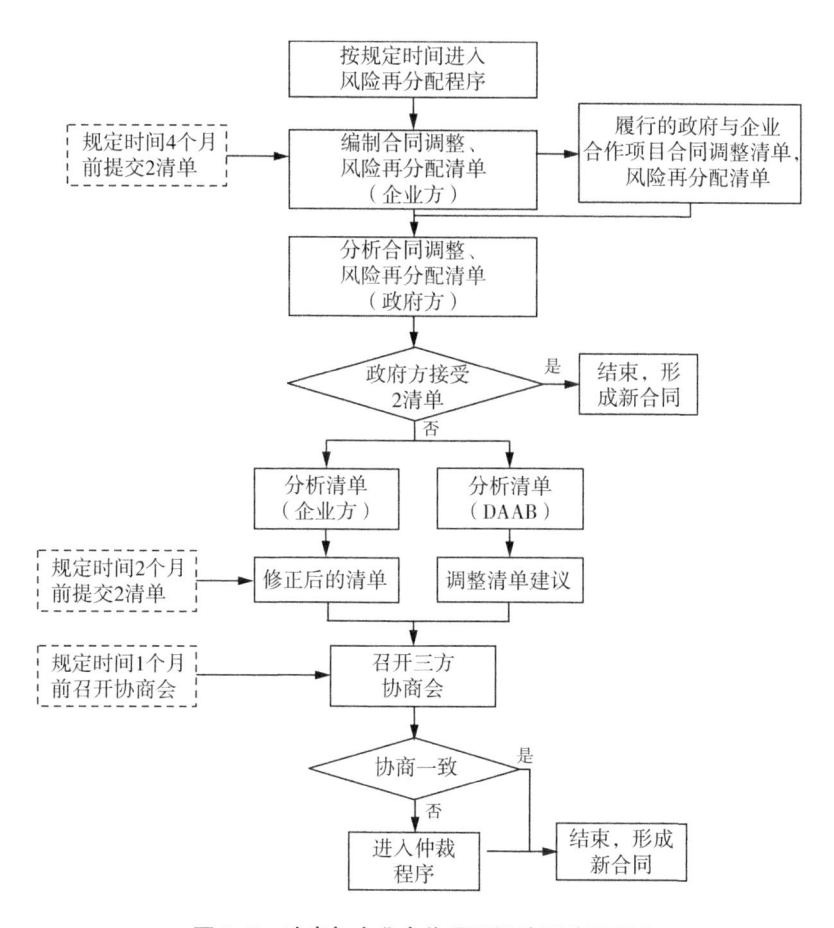

图 3-5　政府与企业合作项目风险再分配程序

（2）在建设工程交易中，交易风险在工程发包方和承包方之间分配，但不同交易方式存在差异。DBB 交易方式通常能较合理地分配风险，因而得到较广泛应用。而 DB/EPC 交易方式具有可降低工程发包方管理工作量、激励工程承包方优化工程积极性等优势，但面对不确定性大的大型水资源配置工程，工程承包方或发包方常面临较大风险。针对这些方面，本书提出了通过调整工程计价方式，合理分配交易风险的方法，期望 DBB 交易方式能得到广泛应用，以促进大型水资源配置工程向高质量发展。

（3）政府方与企业方合作模式已在世界各国基础设施领域广泛应用，而在我国应用则更多，但实践也表明，失败的案例不在少数。这主要在于政府与企业合作项目合同是一长期合同，面临众多风险，且风险量大；该风险有必要在工程用户（政府为代表）与实行项目企业间合理分配；本书作者发现，当对风险没有充分认识或在政府与企业合作项目合同履行过程中项目风险分配不当时，项目失败的可能就将为期不远。本书作者进一步发现，政府与企业合作项目"家族"中不同合作方式的项目，如 BOT 和 BOOT 项目，项目合作双方风险责任分担不尽相同；政府与企业合作项目不同属性/类型的风险，分配原则不同：对纯风险，基本分配原则为"低应对成本"原则；对投机风险，基本分配原则包括"低应对成本"原则和"损失和获利对等"原则。

（4）由于政府与企业合作项目特许经营合同为长期合同，具有较大的不完全性。本书在借鉴多个案例，以及比较 FIDIC 合同条款的基础上，针对我国政府与企业合作项目实践现状，提出了政府与企业合作项目合同条款设计要点，包括：在政府与企业合作项目合同中设立可变条款，以及构建项目风险定期评估机制和项目风险再分配争端解决机制等；设计了政府与企业合作项目风险再分配治理结构，包括设立政府方项目代表和 DAAB，以及政府与企业合作项目风险再分配运作程序。这些组合形成了政府与企业合作项目风险再分配系统框架体系，可为我国政府相关部门制定或修改政府与企业合作项目模式应用政策提供支持，也可为其他国家政府与企业合作项目模式的应用提供参考。

参考文献

[1] 王卓甫，杨高升，洪伟民. 建设工程交易理论与交易模式[M]. 北京：中国水利水电出版社，2010.

[2] TURNER J R，MÜLLER R. On the nature of the project as a temporary organization[J]. International Journal of Project Management，2003，21(3):1-8.

[3] FIDIC. 设计采购施工(EPC)/交钥匙工程合同条件[M]. 北京：机械工业出版社，2005.

[4] 王卓甫，丁继勇. 工程项目管理：工程总承包理论与实务[M]. 北京：中国水利水电出版社，2014.

[5] 亓霞，柯永建，王守清. 基于案例的中国 PPP 项目的主要风险因素分析[J]. 中国软科学，2009(5):107-113.

[6] 柳梦，张梦，卜晓月，汪震. PPP 项目投资成功与失败案例分析[J]. 科技资讯，2018，16(10):137-138.

[7] 陈玥. 有限理性、公共问责与风险分配：台湾高铁市场化的失败与启示[J]. 武汉大学学报:哲学社会科学版，2014，67(2):29-35.

[8] 李良松，徐多，黄宏丽，等. 海绵城市建设 PPP 项目委托代理契约分析[J/OL]. 水利水电技术，2019，50(11):18-24.

[9] BENJAMIN D K, ALCHIAN A A. Property rights and economic behavior[M]. Indianapolis,Ind：Liberty Fund，2006.

[10] 王卓甫. 工程项目风险管理：理论、方法与应用[M]. 北京：中国水利水电出版社，2003.

[11] FIDIC. Conditions of Contract for Construction[M]. Geneva：FIDIC-World Trade Center Ⅱ,2017.

[12] 胡振,刘华,金维兴. PPP 项目范式选择与风险分配的关系研究[J]. 土木工程学报，2011, 44(9)：139-146.

[13] KERF, M, GRAY R D, Irwin T, et al. Concessions for Infrastructure：A Guide to Their Design and Award[R]. Working paper，World Bank Technical Papers，1998.

[14] 费方域,蒋世成. 不完全合同、产权和企业理论[M]. 上海：格致出版社，上海三联书店,上海人民出版社,2011.

[15] National Audit Office. London Underground：Are the Public Private Partnerships Likely to Work Successfully? [EB/OL]. https：//www. nao. org. uk/report/london underground are private the public partnerships likely to work successfully/,2022-06-30.

[16] 河南省水利厅. 引江济淮工程（河南段）PPP 项目实施方案[R]. 郑州,河南省水利厅,2019.

[17] FIDIC. Conditions of Contract for EPC/Turnkey Projects(Second Edition 2017)[M]. Geneva：FIDIC-World Trade Center Ⅱ, 2017.

[18] 国家发展与改革委员会. 政府和社会资本合作项目通用合同指南（2014 年版）[S]. 北京,国家发展与改革委员会,2014.

第4章

大型水资源配置工程项目顶层治理研究

4.1 大型水资源配置工程项目相关方与治理问题分层

4.1.1 大型水资源配置工程项目相关方

大型水资源配置工程一般为准经营性公共项目,实行"政府主导+市场机制"的建设制度。不同工程项目相关方不尽相同,但总可将其分为政府或政府方,以及项目内利益相关方与项目外利益相关方。项目内利益相关方即直接参与项目活动的利益相关方;项目外利益相关方即虽不直接参与项目活动,但其受到项目实施或运行的影响而在利益上与工程项目相关,因而亦称项目影响方。

4.1.1.1 项目相关政府

大型水资源配置工程通常跨县(区),甚至跨省级行政区划,项目相关政府可分为2个层次:一是项目所涉范围的项目顶层政府,如项目跨县(区),则项目顶层政府为设区市政府,简称政府或政府方;二是县(区)级政府。

在大型水资源配置工程谋划立项阶段,政府要组织项目的建议书编制、可行性研究,特别是要就项目方案、项目投资等方面的问题和下级政府进行协调。

进入工程实施阶段,政府负责设立项目法人,对项目重大问题决策,协调项目实施中的建设资金、建设环境等问题,并对项目法人进行监管。

各级政府对区域范围内建设的部分大型水资源配置工程负有监管责任。

4.1.1.2 工程项目内利益相关方及其分层

(1)工程项目内利益相关方。不同大型水资源配置工程,项目内利益相关方也不尽相同,一般有下列几方:

第4章 大型水资源配置工程项目顶层治理研究

①工程项目投资人。该投资人为向工程项目实施提供建设资金的主体,他们可能是各级政府、公司/企业法人。在我国,重大工程项目一般由各级政府投资或政府所属的国有企业投资。

②项目法人/建设单位。相对于投资人,其是政府组建或批准的工程建设项目管理的责任主体。对大型水资源配置工程项目,政府/主管部门一般在项目立项过程中就应考虑工程项目法人设立方案;工程项目正式立项后,要随即组建或设立项目法人,并由其承担工程项目建设全过程的主要管理责任,包括组织工程设计、工程施工、工程设备采购,以及建设过程监督和管理。

③工程承包人。承包人指被项目法人/发包人接受的具有工程施工承包主体资格的当事人以及取得该当事人资格的合法继承人,包括施工承包人、工程项目设备制造等供应商。他们按照工程承包合同的约定,完成相应的工程建设任务。

④工程咨询企业。该企业指提供工程咨询服务的公司,包括工程设计、工程监理、工程招标、工程项目管理和工程造价管理等企业。在工程项目立项和实施过程中,它们为工程项目投资人,以及项目法人或建设单位提供工程咨询服务。

⑤专业分包商。分包商指工程(总)承包人接受的,并经项目法人/建设单位允许的,具有工程专业分包主体资格的当事人以及取得该当事人资格的合法继承人,包括专业施工分包企业、专业设计分包企业等。

⑥工程项目部/团队。这指承包企业,如设计或施工企业,为实现承包工程项目目标而组建、按照团队模式开展项目活动的组织,是项目人力资源的聚集体,其与一般公司企业相比,主要特点是其为临时性组织,无法人地位,仅代表所属公司企业执行任务。

(2)工程项目内利益相关方的层次。按工程交易层级,可将工程项目交易主要参与方的层次划分如下:

①工程项目立项阶段。重大工程项目交易主要参与方分层如图4-1(a)所示。

②工程项目实施阶段。在我国现行法律法规条件下,重大工程项目交易主要参与方分层如图4-1(b)所示4个层次。

图4-1中,上层与下层存在工程交易关系。

对大型水资源配置工程,投资方、项目法人可能有几个,(总)承包人也可能有多个,专业分包方和物料供应商则更多。如南水北调东线工程,投资方包括中央政府、山东省政府和江苏省政府等,项目法人包括南水北调东线山东干线有限责任公司和南水北调东线江苏水源有限责任公司等;工程承包方、工程设计与监理方、工程分包方和供应商则数以百计。

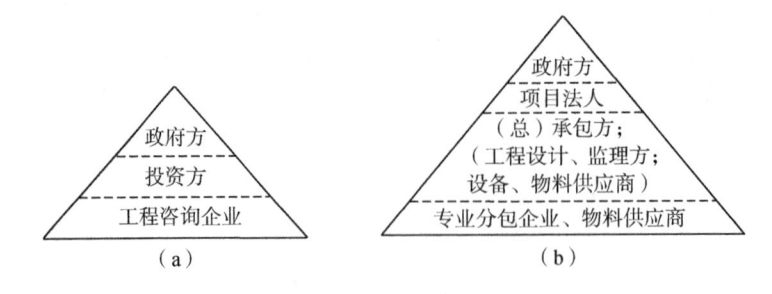

图 4-1 大型水资源配置工程交易主体分层图

4.1.1.3 工程项目内利益相关方的关系

英国学者 Winch 将工程项目立项和实施过程中主要参与主体抽象为委托人/雇主或项目法人、代理人，包括设计/监理工程师和（总）承包方的控制人，以及设计/监理工程师，他们形成图 4-2 所示的关系[12]。

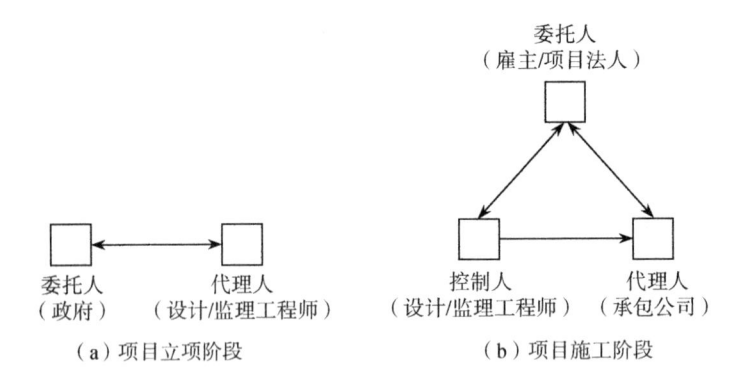

图 4-2 工程项目主要参与主体之间的关系

而在现场实施工程的项目团队其与发包人、承包公司、企业的关系，可抽象为图 4-3 所示。

在国内外工程建设实践中，委托人分别与代理人和控制人间存在合同关系，其中委托人与承包人的合同为承包类合同，而委托人与设计/监理工程师间的合同为咨询服务类合同；而项目控制人与承包人间无合同关系，他们分别依据与委托人签订的合同开展工作，包括控制人对承包人工作的监管、协调，承包人接受这种监管并协同工作；承包公司与项目团队（或项目部）存在项目目标责任书或内部协议。因而，项目团队也可称为二级代理人，并存在"雇主/项目法人→承包人/咨询方→项目团队/项目部"的"委托-代理"链，这是工程交易中基本的"委托-代理"链。

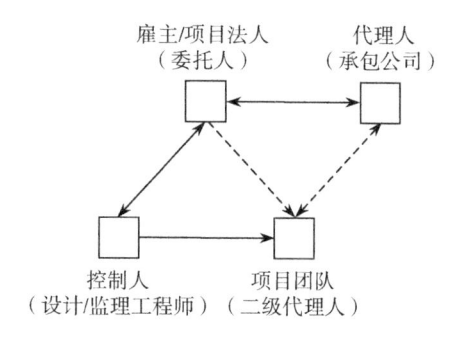

图 4-3 项目部在内的工程项目参与各方的关系

4.1.2 大型水资源配置工程项目治理问题分层

根据大型水资源配置工程实践,可凝练出如图 4-4 所示委托代理关系;它可进一步对工程项目交易治理体系分析、归纳,得到如表 4-1 所示典型的大型水资源配置工程项目 4 个治理分层。

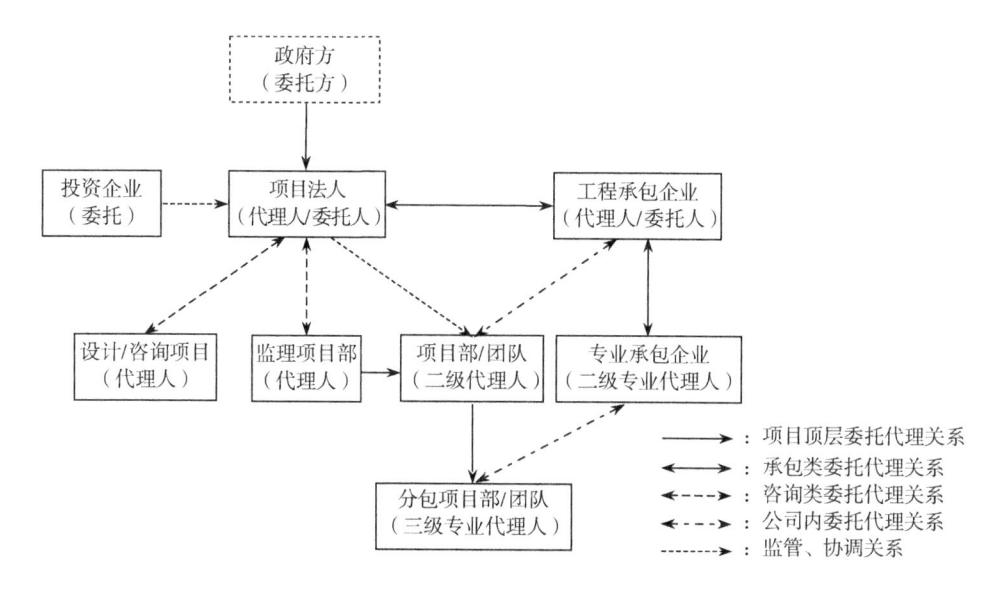

图 4-4 大型水资源配置工程委托代理关系

(1) 项目顶层治理。委托方为政府,代理人是项目法人。一般它/他们可采用项目责任书的形式明确双方的责任、权利和义务。在这一层面,主要包括政府和项目法人。政府通常成立工程建设指挥部,下设办公室(或主管部门)。工程建设指挥部为议事机构,对重大问题决策,工程建设指挥部办公室为常设监管机构并配专职人员,多数挂靠在同级政府水行政主管部门。政府组建或批准组

表 4-1　大型水资源配置工程项目治理层次

项目阶段	委托代理关系	参与主体及其关系	委托代理关系分析	治理层次
项目全过程	政府组建项目法人并委托其实施工程项目	政府方（委托方）↔ 项目法人（代理人）	政府组建项目法人，并委托项目法人实施工程项目。项目法人承担项目实施主要责任；政府对项目重大问题决策，负责建设条件协调和对项目法人监管。	项目顶层治理
项目实施过程	项目法人委托，承包、供应企业为代理（一阶），设计/工程监理也为代理人	项目法人/建设单位（委托人）；设计/工程监理（代理人/控制方）；（总）承包、供应企业（代理人）	1. 项目法人与设计/工程监理和（总）承包、供应企业存在交易治理关系。前者为咨询类；后者为承包类。 2. 设计/工程监理，项目法人委托的控制方，与承包、供应企业不存在合同关系，但存在管理、协调等关系。 3. 设计/工程监理与（总）承包、供应企业存在合谋问题。	交易治理（咨询类/承包类）
	（总）承包方为委托方，分包方/供应商为代理人（二阶）	（总）承包方（代理人/委托方）↔ 分包方/供应商（专业代理人）	1. 与项目交易治理（一阶）性质类似。 2. 分包方/供应商可能有多个。	交易治理（承包类）
	项目法人委托，（总）承包人为代理方；（总）承包、供应企业又授权所属项目部履行（总）承包合同	项目法人/建设单位（委托方）；（总）承包人/供应商（代理人）；项目部/团队（二级代理人）	1. 项目法人与（总）承包企业/供应商存在委托代理关系。 2. （总）承包企业总是将项目任务通过内部任务书等形式下达给工程项目部。 3. 工程项目部代表承包企业履行项目法人与其总公司签订的工程承包合同，属企业治理问题。 4. 工程项目部接受双重治理。 5. 设计/工程监理项目部也面临双重治理问题。	双重治理：交易治理（承包类）/企业治理

建项目法人,项目法人具有法人地位,并对项目实施负主要责任。这一层面位于项目最高层/顶层,主体间的治理称为顶层治理。

(2) 交易治理(一阶)。委托方为项目法人,代理人是工程(总)承包公司/企业或咨询企业(设计/监理方)。它/他们一般用工程合同明确双方的权利、责任和义务。这是项目法人与市场主体的工程(总)承包方的工程交易,下面通常还存在不同程度的分包,因而称为一阶交易治理。

(3) 交易治理(二阶)。委托方为工程(总)承包方,代理人是工程分包方。它们一般用工程分包合同明确双方的责任、权利和义务。其相对于一阶交易治理而称为二阶交易治理。

(4) 双重治(代)理。一重委托代理关系为委托方分别是项目法人,代理人为承包公司/企业(或咨询企业),属组织间委托代理关系。二重委托代理关系为委托方是工程承包公司/企业,代理方为项目部/项目经理,主要在于,真正去完成项目建设任务的是公司企业的项目部/项目经理,属组织内委托代理关系。显然,项目部/项目经理为双重代理机构:对外,要完成总公司与项目法人签订的工程合同所规定的任务;对内,要实现与公司签订的工程承包责任书的目标。

本书主要探讨项目顶层治理问题,其他治理问题在这里不做深入讨论。

4.2 大型水资源配置工程项目顶层治理结构设计研究

项目顶层治理结构包括项目法人设立、政府主管部门安排,以及政府方与项目法人责任、权利和义务等制度安排[1]。

4.2.1 项目典型顶层治理结构分析

4.2.1.1 按项目法人单位属性分类

项目顶层包括政府和项目法人。政府组织项目法人,并设置监管体制。按单位属性分类,可将近10年大型水资源配置工程建设顶层的项目法人分为两类:

(1) 事业型项目法人,即项目法人为政府临时设立(或常设)的事业单位。政府设工程建设领导小组/指挥部,对项目重大问题决策,也负责施工影响区域的环境保护、水土保持、征地拆迁安置等重大问题协调;项目法人负责工程实施/交易任务。

【案例 4-1】 云南省滇中引水工程建设管理局作为项目法人

云南省滇中引水工程是国务院确定的172项节水供水重大水利工程之一,工程由水源工程和输水工程两部分组成。水源工程位于云南省玉龙县石鼓镇,从石鼓镇上游约 1.5 km 的金沙江取水,由泵站提水至总干渠。输水工程自玉龙县石鼓镇望城坡开始,途经丽江市、大理州、楚雄州、昆明市、玉溪市,终点为红河州新坡背。全线各类建筑物总长 755.44 km,其中输水总干渠长 664.24 km,共有 58 座主隧洞,长 611.99 km;有施工支洞 120 条,长 91.2 km。概算动态总投资 780.48 亿元,计划施工总工期 96 个月。2017 年工程开工。工程完工后,受水区共涉及输水总干渠沿线 6 市(州)的 34 个受水小区,受益国土面积 3.69 万 km^2。约 1112 万人直接受益,改善灌溉面积 63.6 万亩,设计每年平均引水量 34.03 亿 m^3,向滇池、杞麓湖和异龙湖补水 6.72 亿 m^3。工程功能为供水、灌溉和改善生态,为准公益性项目。

云南省政府成立工程建设管理领导小组,并确定云南省滇中引水工程建设管理局履行项目法人职责,为正厅级直属机构,主要任务为:

①贯彻落实省委、省政府关于滇中引水工程建设的重大决策部署;履行滇中引水工程项目法人职责,承担工程建设管理工作。

②制定滇中引水工程建设管理的有关政策、制度和措施,起草相关地方性法规草案;研究提出工程有关重大问题的解决建议。

③研究提出滇中引水工程建设及投资计划并组织实施;负责滇中引水工程建设资金的筹措、管理和使用;组织滇中引水工程单项验收、阶段性验收、竣工验收和竣工财务决算有关工作。

④组织滇中引水工程项目招标、合同管理及机电设备物资管理工作;监督管理滇中引水工程建设质量和安全生产。

⑤组织协调推进滇中引水工程规划落实,组织协调解决工程建设中的重大技术问题;负责滇中引水工程项目一般设计变更审查审批和重大设计变更审核报批;负责统一协调推进、督促滇中引水工程二期工程前期工作及建设管理工作。

⑥组织协调滇中引水工程施工影响区域的环境保护、水土保持、征地拆迁安置工作。

⑦组织滇中引水工程日常监督检查、内部审计和稽查有关工作。

⑧在工程建设期受省国资委委托对省滇中引水工程有限公司依法履行股东职责并对该公司进行监管。

⑨完成省委、省政府和省滇中引水工程建设管理领导小组交办的其他任务。

此外,云南省政府还授权,在建设期作为滇中引水工程的政府出资人代表,在主体工程和配套工程范围内行使省级水利行业行政管理职能[2]。

【案例 4-2】 湖北省鄂北地区水资源配置工程建设与管理局作为项目法人

湖北省鄂北地区水资源配置工程以丹江口水库清泉沟隧洞为起点,自西北方向东南方穿越湖北省襄阳市襄州区、枣阳市、随州市曾都区和广水市,止于孝感市大悟县王家冲水库,是以城乡生活、工业供水和唐东地区农业供水为主,通过退还被城市挤占的农业灌溉和生态用水量,改善受水地区的农业灌溉和生态环境用水条件为任务的一项大型水资源配置工程。工程输水线路总长 269 km,工程概算投资 180 亿元。

湖北省政府设有鄂北地区水资源配置工程建设指挥部,下设办公室挂靠省水利厅,并依托省水利厅构建湖北省鄂北地区水资源配置工程建设与管理局为项目法人,且为水利厅下属事业单位。湖北省鄂北地区水资源配置工程建设与管理局主要职责为:

①负责贯彻落实省委、省政府和省水利厅决议、决策与部署安排。

②承担鄂北地区水资源配置工程建设指挥部办公室日常工作,负责督促落实鄂北地区水资源配置工程建设指挥部相关决定事项。

③负责组织开展鄂北地区水资源配置工程前期工作,申请国家有关部委和省有关部门审批立项、建设资金的筹措和使用管理工作。

④负责组织鄂北地区水资源配置工程建设,解决工程建设中出现的重大问题。组织相关单位开展工程设计、招标、施工、监理、验收等工作;负责工程建设计划和投资计划的落实、工程建设质量与进度、度汛、安全和资金等方面的管理;协调工程建设外部环境等。

⑤组织协调征地拆迁和移民安置工作,组织落实鄂北地区水资源配置工程征地拆迁和移民安置工程建设,协调开展文物保护工作。

⑥负责鄂北地区水资源配置工程调度运行管理;负责水源保护、工程运行维护、贷款偿还、资产保值增值、水费计收、水量调度、水质监测、防汛抗旱工作等;研究拟定鄂北地区水资源配置工程供用水条例等制度建设。

⑦协调参与鄂北地区水资源统筹调度与管理,配合做好鄂北地区防汛抗旱减灾工作。

⑧受省水利厅委托,配合开展省内重大引调水工程的研究与立项建设等工作。

⑨依法依规享有授权范围内的国有资产收益权、重大事项决策权和资产处置权。

⑩承办上级交办的其他事项。

【案例 4-3】 江西省峡江水利枢纽工程建设总指挥部作为项目法人

江西省峡江水利枢纽工程位于赣江中游峡江县巴邱镇上游峡谷河段,是一座以防洪、发电、航运为主,兼有灌溉等综合利用功能的水利枢纽工程。工程概算投资(静态)98.41 亿元,其中,枢纽工程 31.92 亿元,库区防护工程 24.14 亿元、淹没、征地补偿34.98亿元等。

江西省政府构建江西省峡江水利枢纽工程领导小组,由省政府常务副省长任领导小组组长,并根据工程特点,工程建设主管部门和工程所在地政府分别构建了江西省水利厅峡江水利枢纽工程领导小组和吉安市峡江水利枢纽工程领导小组分别作为枢纽工程,以及库区防护工程及征地拆迁的政府领导机构。

江西省峡江水利枢纽工程实施责任主体/项目法人为江西省峡江水利枢纽工程建设总指挥部[事业单位属性,工程运行后改为江西省峡江水利枢纽工程管理局(正处级公益一类事业单位)];库区防护工程实行代建,即委托吉安市或工程所在地县(区)政府设立责任主体(指挥部或项目部)实施项目建设,并实行项目管理总承包,将工程初步设计概算划给代建方,实行投资包干;江西省峡江水利枢纽工程建设总指挥部仅参与工程验收,而不参与中间管理。项目顶层管理组织结构如图4-5[3]所示。

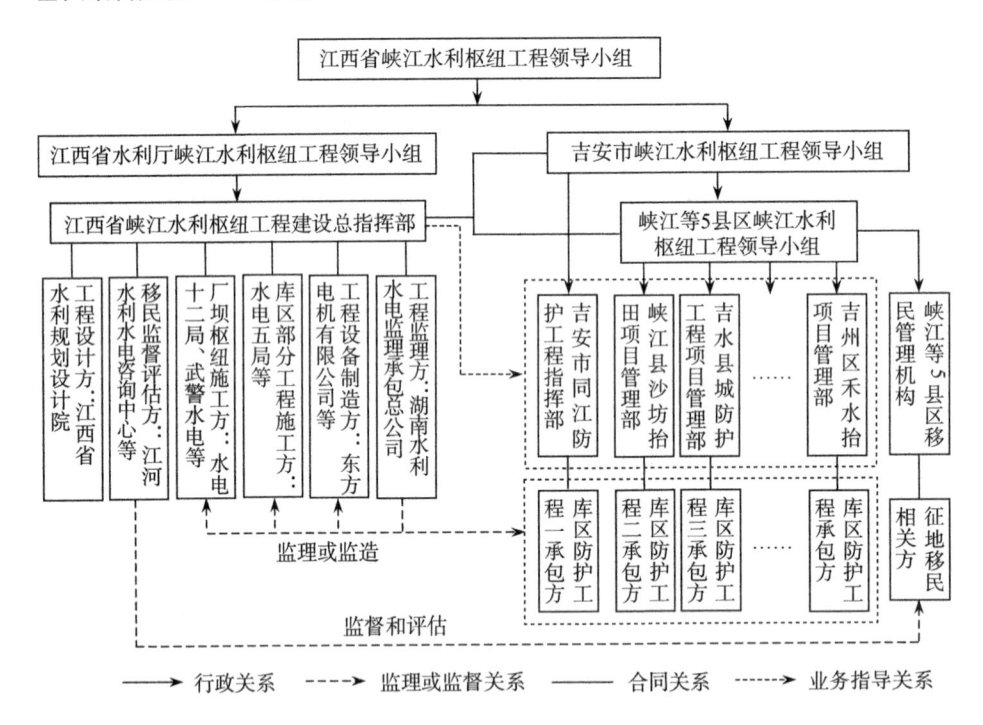

图4-5 江西省峡江水利枢纽工程项目顶层组织结构

江西省峡江水利枢纽工程建设的目标现已全面实现,并获2018—2019年度中国建设工程鲁班奖(国家优质工程奖)。

[解析] (1)江西省峡江水利枢纽工程虽不是水资源配置工程,但其库区防护工程离枢纽工程较远,且库区防护工程主要防护的对象是防护区内相关方

的利益,建设过程也主要受工程所在地相关方的影响,因而一些做法具有借鉴意义。

(2) 企业型项目法人,即项目法人为政府主导下成立的公司/企业。政府设立工程建设领导小组/指挥部,对项目重大问题决策;指挥部下设办公室,具体负责施工影响区域的环境保护、水土保持、征地拆迁安置等协调工作。项目法人负责工程实施/交易任务。

【案例 4-4】 安徽省引江济淮集团有限公司作为项目法人

引江济淮工程是一项以城乡供水和发展江淮航运为主,结合灌溉补水和改善巢湖及淮河水生态环境为主要任务的大型跨流域调水工程。工程自南向北分为引江济巢、江淮沟通、江水北送三段,输水线路总长 723 km。引江济淮工程供水范围涵盖安徽省 12 市和河南省 2 市,共 55 个县(区)。工程估算总投资 912.71 亿元。

引江济淮工程(安徽段)输水线路长 587.4 km,涉及安徽省 13 个设区市、46 个县(区),初步设计概算 875.3 亿元,建设工期 72 个月。

安徽省政府批准成立安徽省引江济淮集团有限公司(隶属省国资委),负责投资、建设、管理、运营引江济淮工程,进行主体工程沿线土地、岸线、水资源、生态旅游综合开发和经营。工程建设坚持政府主导、市场化运作的基本思路。

为加强领导和统筹协调,安徽省政府成立了安徽省引江济淮工程建设领导小组,成员单位包括 11 个省直单位、沿线 13 个市政府和安徽省引江济淮集团有限公司,领导小组办公室设在省发改委。

(1) 安徽省引江济淮工程建设领导小组。该小组负责协调解决工程实施中的重大问题,领导小组办公室主任由省发改委 1 名副主任兼任。主要职责是研究提出工程建设有关政策、办法,起草相关法规草案;监督控制工程投资总量,综合协调平衡计划、资金和工程建设进度;协调、调度、解决工程前期工作推进、重大设计方案变更、征地移民、实施建设中有关问题;组织编制相关规划并监督实施;对重大问题提出建议报领导小组审定等。

(2) 安徽省发改委(含省移民局)。该委负责会同有关部门衔接、报批工程投资计划,帮助争取中央预算内投资和专项建设基金;监督计划执行,加强项目稽查、检查;按程序和权限办理主体工程和相关配套工程前期工作的审查报批工作;负责指导、监督工程移民安置等。

(3) 安徽省水利厅。该厅负责按照水利部水利工程建设项目管理规定,履行水利工程行业主管部门职责。

(4) 安徽省交通运输厅。该厅负责按照交通运输部航道建设管理等规定,履行交通运输工程行业主管部门职责。

引江济淮工程(安徽段)采用公司型项目法人特点[4]:

(1) 项目法人责任制得到有效落实;

(2) 实现了建设与运营管理有机结合;

(3) 采用扁平化管理方式提高了建设管理效率;

(4) 按现代企业制度运行,建立了现代公司用人、薪酬、激励制度,调动了各方积极性。

【案例 4-5】 河南水投小浪底北岸灌区工程有限公司作为项目法人

小浪底北岸灌区工程从小浪底水库引水,通过骨干工程和灌区灌排工程系统,解决区域内农业灌溉、城乡生活与工业用水需求,受水区包括济源市、沁阳市、孟州市、温县、武陟县 5 个市(县)。该工程采用 PPP 模式。项目立项后,河南省水利厅成立河南省豫北水利工程管理局,由其根据批准的可行性研究报告和相应的工程估算,将"EPC 承包＋建设资金"整合,采用市场机制选择社会资本方。最终由河南水利投资集团有限公司、河南水利第一工程局和第二工程局合资构建的河南水投小浪底北岸灌区工程有限公司中标,并签订 PPP 项目合同。根据合同,在工程建设期,河南水投小浪底北岸灌区工程有限公司为项目法人,负责工程建设资金筹措的工程建设主体职责,河南省豫北水利工程管理局对项目实施进行监管,包括工程资金支付,以及工程质量、安全等监督,并对工程建设中的征地拆迁等进行组织协调,为保障工程项目实施提供支持。

4.2.1.2　按项目法人是否负责建设与营运两阶段管理分类与相应职责分工

表 0-1 所示典型大型水资源配置工程中,建设责任主体(项目法人)与营运责任主体分开的工程项目有以下两个:

(1) 东江—深圳供水工程。东江—深圳供水工程于 2000 年开始彻底改造,即东深供水工程改造工程,该工程建设由广东省水利厅设立事业型项目法人,由其全面负责工程建设任务。工程建完后,将工程移交广东粤海水务股份有限公司负责营运管理。

(2) 温州赵山渡引水工程(珊溪水利枢纽工程)。工程投资方为浙江珊溪经济发展有限责任公司,项目法人由温州市政府负责组建。项目法人将建成后的工程移交工程投资方组织营运管理。

上述两工程均为临时性事业型项目法人,并均由政府设立,政府或水行政主管部门领导挂帅,充分利用他们协调工程建设条件能力强的优势。否则,工程投资企业可自行组织工程项目的实施。

表 0-1 所示典型大型水资源配置工程中,南水北调中、东线工程,湖北鄂北地区水资源配置工程,云南滇中引水工程等均采用建设与营运由项目法人一体化负责的模式。其中,黔中水利枢纽工程建设期项目法人为事业单位,工程进入

营运阶段后贵州省政府将原事业型项目法人直接转变为企业型营运管理公司。

4.2.1.3 按项目法人是否为常设机构分类与相应职责分工

表0-1所示中大型水资源配置工程项目法人均是临时组建。事实上,江苏和安徽两省水利厅均下设水利工程建设管理局(事业单位),负责省属大型水利工程管理,因而具有承担大型水资源配置工程建设任务的能力。而南水北调东线工程(江苏段)和引江济淮工程(安徽段)均临时设置了项目法人,这其中有建设与营运一体化的考量,也有与整个工程其他项目法人合作,或与交通行业合作等方面的因素。

事实上,在交通行业,一般存在交通工程投资企业,省交通厅还下设交通工程建设管理局(事业单位)。交通工程建设管理局负责工程建设任务(包括征地拆迁等协调工作),工程完建后交付交通工程投资企业,由其下属的营运公司负责工程的营运管理。

同理,也可能存在常设公司型项目法人,不过常设公司型项目法人仍需要政府承担建设条件协调职责。

因此,按项目法人单位的属性、是否承担建设与营运管理的所有任务,以及是临时组建,还是选用现有工程建设管理机构(事业单位),可将项目法人分为如下5类(A~E型):

(1) 常设事业型项目法人(A型);
(2) 常设公司型项目法人(B型);
(3) 临时组建事业型项目法人(C型);
(4) 临时组建事业型并负责一体化管理的项目法人(D型);
(5) 临时组建公司型并负责一体化管理的项目法人(E型)。

理论上,还应有临时组建事业型项目法人,但其不存在协调、专业能力等方面的优势。

4.2.1.4 事业型与公司型项目法人的主要区别

(1) 事业型项目法人将项目建设作为一项任务,为政府下属"管家",政府对其信任度高;在公众中,常将其视为政府,公信度高,协调工程建设条件成本低、效率高。相对于公司型项目法人,追求利益驱动力较弱;在工程交易中,创新和发展的能力也相对较弱。在单位内部调动员工积极性、创造性的手段少。如何调动积极性,提升项目管理能力是事业型项目法人探讨的课题。

(2) 企业型项目法人将项目视为经营性任务,在理论上政府与其为委托代理关系,即"代理人",在社会公众中,其是赢利/逐利机构,公信度低,协调工程建设条件成本高、效率低;在公司内部,管理机制较为灵活,调动员工积极性、创造性的手段多,一般项目管理效率较高,员工积极性容易被调动。在新时代,国有企业再强调社会责任、加强党建,传统公司/企业的形象也正在调整。

4.2.2 项目典型顶层治理结构特点

结合调研,并分析表0-1所示中10多个大型水资源配置工程,以及详细讨论的上述5个典型案例,不难发现大型水资源配置工程治理结构有下列特点。

4.2.2.1 充分发挥政府(工程建设指挥部/领导小组)的作用

不论是事业型项目法人,还是企业型项目法人,政府一般均设有工程建设领导小组或指挥部,对项目重大问题决策、决议。

这可解释为:大型水资源配置工程涉及范围广,至少是跨县(区),以上5个典型案例均跨设区(市),利益相关方多。这离不开上级政府的科学决策和协调,具体为:

(1) 在工程项目立项阶段,工程项目方案涉及不同行政区划的利益,还涉及不同行业主管部门,如土地主管部门的协调,需要上级政府从最大化项目整体效益出发,系统分析,进行科学决策。

(2) 在工程项目实施阶段,征地拆迁,以及与城建、交通工程交叉问题的协调,均需上级政府强有力的支持。如跨设区(市)项目,应由省级政府协调,提出处理方案,使项目法人及各相关方均满意,也降低社会成本/交易成本。

4.2.2.2 事业型与企业型项目法人的差异

除了政府常规的纪检、审计等监管部门外,对事业型或企业型项目法人,政府的项目协调任务,以及监管机构设置方式是不一样的。

(1) 对事业型项目法人,仅设工程建设领导小组(或指挥部),而不需设立工程建设领导小组(或指挥部)办公室,具体的项目协调工作由项目法人承担。这可解释为,事业型项目法人为政府部门的下属机构,一方面其并不是追求经济利益的机构;另一方面,事业型项目法人直接隶属政府,在项目协调过程中具有一定的公信力/权威性,即下级政府或群众认同程度较高。

(2) 对公司型项目法人,不仅要设立工程建设领导小组(或指挥部),而且还设工程建设领导小组(或指挥部)办公室,由办公室负责项目协调的日常工作,并由其定期向工程建设领导小组(或指挥部)报告工程项目进展情况和遇到的重大问题。这可解释为,公司企业一般被认为是追求利润的组织,不具备协调公共事务的能力和基础。

4.2.2.3 对项目法人日常的、专门的监管不到位

(1) 事业型项目法人的监管不到位。常设的事业型项目法人,一般属所在政府部门管理,管理的内容、方法等均是常规的。事实上这是不够的,项目是一

次性任务,具有明确的目标;管理应具有一次性、专业性强等特点,有必要让政府专业部门对其进行管理。如,目前省级政府水利厅/局下属的工程建设管理局,对其项目管理的表现就应由监督处/工程建设处负责监管,包括业务指导、考核激励等,这与政府审计部门履行审计职责类似。然而,有些地方存在这样的局面:工程建设管理局为副厅级单位,监督处/工程建设处为处级单位。因而,监督处/工程建设处监管工程建设管理局存在相当困难,但也正是需要改革、调整的地方。

(2) 企业型项目法人的监管不到位。对这类项目法人,目前工程建设指挥部一般下设办公室,协助项目法人协调建设条件,包括征地拆迁,以及处理与城建、交通部门的冲突等。事实上这是不够的。企业型项目法人大多是国企或国企下属或持股的子公司,有关公司事务,可按《中华人民共和国公司法》和公司运行规则由其总公司或董事会/股东会监管。但有关工程项目事项,工程建设指挥部办公室应负责的工作不仅是协调建设条件,还应依据工程初步设计文件,开展围绕项目目标实现程度的监管,包括:项目法人管理行为的规范性,以及对项目法人的考核激励等。

4.2.2.4 政府与项目法人分工、责任划分的问题

从目前获得的资料看,政府与项目法人间的分工、责任划分均较为模糊。事业型项目法人,一般政府部门在批复工程初步设计文件的基础上,仅是明确其管理职能。如,云南省滇中引水工程建设管理局,云南省政府仅规定其具体管理职能;鄂北地区水资源配置工程,湖北省水利厅也仅规定其具体管理职能。企业型项目法人,有关分工、职责划分则更加粗糙,仅在批复工程初步设计文件的基础上,明确将工程建设任务交由其负责。显然这是不够的。

工程项目有明确的目标,实施过程中也有较大的优化空间,还可能要面对各类较大的风险,但这些均涉及政府和项目法人两个方面。因而并不是简单跟踪监管的问题,首要的是具体明确双方责任、权利与义务,即项目责任书的完善。

4.2.3 项目顶层治理结构设计影响因素

项目顶层治理结构设计,包括项目法人设立方案优选,政府监管组织安排,以及政府与项目法人职责划分等多方面。

4.2.3.1 项目法人设立方案的影响因素

针对大型水资源配置工程的特点,参考相关研究成果[5],项目法人设立方案选择的影响因素有以下几项:

(1) 工程项目属性。公共项目理论上讲可分为经营性、公益性和准公益性三类,但对大型水资源配置工程而言,由于是跨行政区划,有必要将其进一步分

类。在行政区划之间,将其视为经营性项目,即在行政区划之间,将水资源的分配需要根据工程成本和运行费用计量、计价;而在某行政区划内,则将其视为准经营性项目,即部分水资源是可以按成本计量收费,但部分水资源,如农业用水、生态用水难以按成本收费,甚至不收费。总体而言,大型水资源配置工程一般应是准公益性项目,但准公益程度可能差异很大。项目法人设立是事业型还是企业型,有必要充分考虑这一因素。

(2) 工程复杂程度。包括工程技术难度和不确定性等方面,这对项目法人的技术能力、管理能力,以及应对风险的能力提出要求,直接影响到项目法人设立方案的选择。

(3) 工程建设规模。包括工程投资规模、工程范围、结构尺寸等方面,这对项目法人的协调能力、技术能力,以及项目法人管理层次设置等方面均有影响,关系到项目法人设立方案的选择。

(4) 工程建设环境。包括征地拆迁,以及与城建、交通行业的对接或协调等方面。

(5) 潜在项目法人单位。包括事业单位或公司企业,这主要取决于是临时组建,还是可在现已具备承担建设任务能力的单位中选择。

(6) 建设市场发育程度。包括工程承包、工程咨询等方面的市场发育程度。

4.2.3.2 政府监管组织及政府与项目法人职责划分设计影响因素

(1) 政府监管组织设计影响因素。项目法人分为事业型和企业型。调研发现,有关工程实施的协调问题,列入政府序列的事业型项目法人有能力协调建设条件;而企业/公司型项目法人协调建设条件困难较大或协调成本很高。因此,政府监管组织设计影响因素主要为项目法人的单位属性。

(2) 政府与项目法人职责划分设计影响因素。政府与项目法人就大型水资源配置工程项目管理职责分工的主要影响因素包括:

①项目复杂程度和规模;

②工程建设环境;

③项目法人的单位属性,即为事业型还是企业型项目法人。

4.2.4 项目顶层治理结构设计方法

项目顶层治理结构设计主要包括项目法人设立方案设计、政府监管体制设计,以及政府与项目法人职责划分设计。

4.2.4.1 项目法人设立方案设计

(1)项目法人设立方案及其优选影响因素的关系。将经调研和案例分析归纳出的大型水资源配置工程项目法人设立方案,与理论分析得出的影响因素进行整合,可形成如表 4-2 所示矩阵关系表。

表 4-2　项目法人设立方案及其优选影响因素矩阵关系表

影响因素 项目 法人类型	工程项目性质	工程复杂程度	工程建设规模	工程建设环境	潜在项目法人单位	建设市场发育程度
常设事业型项目法人(A 型)						
常设公司型项目法人(B 型)						
临时＋事业型项目法人(C 型)						
临时＋事业型＋一体化型项目法人(D 型)						
临时＋公司型＋一体化型项目法人(E 型)						

表 4-2 中,各影响因素对项目法人设立方案选择和影响程度是不同的,有的甚至有"一票否决"的效力。如工程所在地政府水行政主管部门当下不存在工程建设管理部门,则常设事业型项目法人(A 型)根本是不可行的;此外,不满足政策法规要求的项目法人设立方案也是不可行的。将表 4-2 中不可行/选的项目法人设立方案删除,所剩项目法人设立方案的集合,称为项目法人设立方案的可行集。

(2) 项目法人设立方案的定量优选方法。针对此问题的特点,可考虑应用综合评价和熵权-VIKOR 两种方法中的任一种定量优选方法,前者较简单,但后者考虑了专家的权威性,效果会更好。不论采用何种方法,前期基本工作类似如下:

①确定每个影响因素 j 的权重。组织专家组,让组内每个专家 i,以表 4-2 为基础,针对具体大型水资源配置工程项目,给每个影响因素 j 赋权重 B_{ij},并要求 $B_{i1}+B_{i2}+\cdots+B_{i6}=1$;然后求每个影响因素 j 权重的均值,并经修正后即有各影响因素 j 权重 $\overline{B_j}$(其中,$\overline{B_1}+\overline{B_2}+\cdots+\overline{B_6}=1$)。

②每一大型水资源配置工程项目法人设立方案得分均值计算。让组内每位专家 i 根据工程项目特点,就每个影响因素 j,给各项目法人设立方案 m 赋分 G_{ijm},并要求 $G_{ijm} \leqslant 1$;根据下式求每个影响因素作用下,每种项目法人设立方案

得分均值：

$$\overline{G_{jm}} = \frac{1}{n}\sum_{i=1}^{n} G_{jm}^{i} \tag{4-1}$$

③每一项目法人设立方案加权综合分值计算和决策。在表4-2中的5个项目法人设立方案中，加权综合分值计算和最佳项目法人设立方案应满足下式：

$$\max_{m=1}^{5}(\overline{B_j} \times \overline{G_{jm}}) \tag{4-2}$$

4.2.4.2 建设项目法人设立方案优选的熵权-VIKOR法

(1) 问题的理论模型。每一个大型水资源配置工程，其项目法人的设立方案的选择具有唯一性，即存在一个最优决策或最合适选择。其优化决策过程为：首先确定项目法人设立方案的可行集，此后所要解决的问题可以抽象为如下形式的多准则群组决策问题。

由政府项目主管部门从相关专家库中选择 p 个专家组成决策组 D，$D_k(k=1,2,\cdots,p)$表示第 k 个决策者，并根据专家情况确定其权重 λ，λ_k 表示决策者 D_k 的权重，分别对备选方案 $Y_i(i=1,2,\cdots,m)$，依据已建立的评价指标 $I_j(j=1,2,\cdots,n)$ 进行客观数据收集和主观经验判断，ω_j 表示评价指标 I_j 的权重，则该多准则群组决策问题可表示为：

$$D=(d_{ij}^k)_{m\times n\times p}=\begin{bmatrix} d_{11}^k & d_{12}^k & \cdots & d_{1n}^k \\ d_{21}^k & d_{22}^k & \cdots & d_{2n}^k \\ \vdots & \vdots & \cdots & \vdots \\ d_{m1}^k & d_{m2}^k & \cdots & d_{mn}^k \end{bmatrix} \tag{4-3}$$

式(4-3)中，d_{ij}^k 表示决策者 D_k 给出的针对备选方案 A_i 在评价指标 I_j 下的效果评价值，$i=1,2,\cdots,m;j=i=1,2,\cdots,n;k=1,2,\cdots,p$。

(2) 大型水资源配置工程项目法人设立方案优选方法及步骤。在实际工程项目法人组建方式可行集选择过程中，通常需要政府/水行政主管部门参与且需考虑众多因素的影响，针对项目层面设立方案选择决策中评价值为混合型信息。在多属性决策问题中，由于决策者的知识背景及思维等的差异，其核心是采用熵权通过决策矩阵确定决策者和评价准则的权重，避免主观赋权的二次不确定性。同时针对混合型评价信息的不可公度性，采用混合型VIKOR方法对标段/交易层面治理结构模式进行优选，克服了原始数据的不可公度性和数据转换所造成的信息损失，同时保证了"群体效益"最大化和"个别遗憾"最小化，从而使评判的结果更为客观、科学、合理。具体做法如下：

步骤一：构建项目法人综合评价指标体系。这是设立方案优化中十分重要的一步。综合评价指标体系设计既要遵循系统性、科学性、可比性和可操作性原则,又要有利于政府主管部门依据项目特性和自身需要选择项目法人设立方案。本书由专家根据影响因素评估分析决策,将决策准则归纳为工程项目性质、工程建设环境等6个方面,如表4-2所示。

根据表4-2所示和实际情况,删除不可行方案,余下的即为项目法人设立备选方案$Y_i(i=1,2,\cdots,m;m\leqslant 9)$,已建立的评价指标$I_j(j=i=1,2,\cdots,6)$,此处的$I_j$即为6个项目法人方案设计/选择影响因素;政府主管部门选择专家数为p组成决策组,设专家为$D_k(k=1,2,\cdots,p)$,并确定专家权重λ_k,专家根据项目法人设立方案设计/选择影响因素,对每个方案的适用情况采用百分制打分,最终形成分数表D,其中d_{ij}^k即为分值。

$$D = (d_{ij}^k)_{m\times n\times p} = \begin{bmatrix} d_{11}^k & d_{12}^k & \cdots & d_{16}^k \\ d_{21}^k & d_{22}^k & \cdots & d_{26}^k \\ \vdots & \vdots & \cdots & \vdots \\ d_{m1}^k & d_{m2}^k & \cdots & d_{m6}^k \end{bmatrix} \tag{4-4}$$

步骤二:构建决策者个体评价矩阵。由于评价指标中同时包含客观指标和主观指标,所以原始评价数据是包含直觉模糊数的数据。为消除量纲的影响和便于数据使用,需要将原始评价数据进行标准化处理,转化为数值型数据,形成备选方案的个体评价矩阵。

原始数据d_{ij}^k经标准化处理后记为r_{ij}^k,即数值型数据:

$$r_{ij}^k = d_{ij}^k - \min d_{ij}^k / \max d_{ij}^k - \min d_{ij}^k \tag{4-5}$$

式(4-5)中,r_{ij}^k为d_{ij}^k标准化后的数据,r_{ij}^k取值为[0,1]。

步骤三:确定决策者权重。研究表明,决策者由于自身知识结构不同,在面对不确定问题时会表现出犹豫不定的现象,其给出评价信息中也包含这种犹豫程度的信息[6]。因此,政府主管部门应结合项目实际情况和具体要求,根据决策者的从业年限、工程经验和专业知识,有所侧重的确定不同决策者权重。

步骤四:构建群组评价矩阵。由步骤三得到的决策者权重λ_k与个体评价矩阵集结,从而得到群组评价矩阵。直觉模糊数的集结算子为[7]:

$$r_{ij} = \lambda_1 r_{ij}^1 \oplus \lambda_2 r_{ij}^2 \oplus \cdots \oplus \lambda_p r_{ij}^p \tag{4-6}$$

步骤五:确定评价准则权重。采用熵权法确定各个评价准则的权重,熵权反映了备选方案的信息对决策的贡献度,在评价准则权重信息未知或难以确定的情况下,熵权法是一种较为切实可行的解决方法。具体做法如下:

①设H_j为第j个指标的熵值,则有f_{ij}:

$$H_j = -K\sum_{i=1}^{m} f_{ij} \ln f_{ij}, j=1,2,\cdots,6 \qquad (4-7)$$

②计算各准则的 f_{ij} 和 K：

$$f_{ij} = r_{ij}/\sum_{i=1}^{m} r_{ij}, K = 1/\ln m, H_j \geqslant 0, K \geqslant 0 \qquad (4-8)$$

且 $f_{ij} = 0, f_{ij}\ln f_{ij} = 0$。

③计算各准则的权重。各准则 C_j 的权重记为 ω_j：

$$\omega_j = \frac{1-H_j}{n-\sum_{i=1}^{n} H_j} \qquad (4-9)$$

式(4-9)中：$0 \leqslant \omega_j \leqslant 1, \sum_{j=1}^{n} \omega_j = 1$。

步骤六：采用 VIKOR 方法对各备选方案进行排序。VIKOR 方法是一种折中排序方法，其最大特点就是将群体效益最大化和个别遗憾最小化，尤其适用于决策者不能或难以确定其偏好的情况。具体步骤如下：

①确定正理想解和负理想解。令各备选方案 $A_i(i=1,2,\cdots,m)$ 在对应的评价准则 $C_j(j=1,2,\cdots,n)$ 下的评价值为 f_{ij}，分别用 f_j^+, f_j^- 表示最优和最差评价值，则：

正理想解 $F^+ = (f_1^+, f_2^+, \cdots, f_n^+)$

负理想解 $F^- = (f_1^-, f_2^-, \cdots, f_n^-)$

②计算各备选方案的群体效益 S_i、个别遗憾 R_i 和妥协解 Q_i。

$$S_i = \sum_{j=1}^{n} \omega_j (f_j^+ - f_{ij})/(f_j^+ - f_j^-) \qquad (4-10)$$

$$R_i = \max_j [\omega_j (f_j^+ - f_{ij})/(f_j^+ - f_j^-)] \qquad (4-11)$$

其中，S_i 值越小表示群体效益越大，R_i 值越小表示个别遗憾越小。

$$Q_1 = v\left(\frac{S_i - S^+}{S^- - S^+}\right) + (1-v)\left[\frac{R_i - R^+}{(R^- - R^+)}\right] \qquad (4-12)$$

其中，$S^+ = \min S, S^- = \max S_i, R^+ = \min R_i, R^- = \max R_i, v \in [0,1]$ 为决策机制系数，$v > 0.5$ 表示决策侧重于最大化群体效益；$v < 0.5$ 表示决策侧重于最小化于个别遗憾。Q_i 值越小表示备选方案越好。

③备选方案排序[8]。

(a)根据 Q_i、S_i 和 R_i 值升序分别对备选方案进行优劣排序。

(b)Q_i 值排在首位的备选方案 $A^{(1)}$，同时满足如下 2 个条件时，即为最佳方案。

条件一：$Q(A^{(2)})-Q(A^{(1)}) \geqslant 1/(m-1)$，其中，$Q_i$值排在首位的备选方案记为$A^{(1)}$，第二位记为$A^{(2)}$，依次排列，$m$为备选方案个数。

条件二：$A^{(1)}$依据S_i和R_i值排序仍为最佳方案。

(c) 当上述2个条件不能同时满足时，分为两种情况：

情况一：条件二不满足，则同时接受$A^{(1)}$、$A^{(2)}$为折中方案。

情况二：条件一不满足，则$A^{(1)}, A^{(2)}, \cdots, A^{(j)}$均为折中方案，$A^{(j)}$由满足关系式$Q(A^{(j)})-Q(A^{(1)}) \leqslant 1/(m-1)$的最大值$J$确定。

(3) 项目法人设立方案定性优选策略/方法。采用构建数学模型/定量的方法，依靠专家的智慧，并经过深入分析影响因素来优选项目法人设立方案，这在理论上是有价值的，也较为精准，但要满足所有条件有时也有一定难度。故此处结合工程实地调研成果，并结合理论分析，提出大型水资源配置工程项目法人设立方案定性优选策略/方法如下：

① 大型水资源配置工程所在地政府水行政主管部门若工程设有下属建设管理局，应当优先考虑将其作为潜在项目法人；其次是考虑具有类似经历的企业作为潜在项目法人。

② 应充分考虑大型水资源配置工程经济属性，设立项目法人。准经营性/公益性项目，公益性程度高者建议构建事业型项目法人，工程建成后继续管理工程的运行，但要严格控制项目法人的人员编制；经营性程度高者建议设立企业型项目法人，工程建成后继续管理工程的运行。

4.2.4.3 顶层治理的政府监管组织设计

大型水资源配置工程项目法人的监管组织，可根据项目法人单位的属性提出两种方案：

方案一：对事业型项目法人，不设工程建设指挥部/领导小组办公室，由政府水行政主管部门的建设管理处或监督处负责对项目法人履行项目管理职责的考核激励、监管等责任，而有关工程项目建设条件协调等任务由项目法人负责。

方案二：对企业型项目法人，设工程建设指挥部/领导小组办公室，由其负责对项目法人履行项目管理职责的考核激励、监管等责任，并承担工程项目建设条件协调等任务。

4.2.4.4 顶层治理的政府与项目法人的职责划分设计

政府与项目法人职责分工的前提是政府科学构建监管体系，其次是项目实施任务的合理划分。

(1) 政府项目监管体系设计。根据调研和案例分析，提出如下设计要点：

① 对跨不同行政区划的大型水资源配置工程，政府有必要设立工程建设领

导小组/指挥部。工程立项阶段,政府协调工程所涉地方政府的关系,在照顾各地方利益的同时,最大化工程项目的整体效益。在工程实施阶段,工程建设领导小组/指挥部对重大问题进行协调或决策。

②对事业型项目法人,工程建设指挥部/领导小组日常工作由项目法人进行;对企业型项目法人,工程建设领导小组/指挥部应下设办公室,并配专职人员和挂靠水行政主管部门,日常监管工作由工程建设领导小组/指挥部办公室承担。

(2) 政府与项目法人职责分工框架。大型水资源配置工程建设任务一般包括资金筹措、建设环境协调和工程实施/交易等。根据理论研究和水利部相关指导意见[1,9],这些任务中项目法人承担主要责任,充分利用市场机制,提升工程建设效率;政府则及时支付所承诺的建设资金,协调其他各方建设资金,对重大问题决策,协调建设环境,充分发挥其协调能力强的优势,做好工程建设中的协调、服务工作。

(3) 政府与项目法人职责分工的细化。不同大型水资源配置工程规模、结构特点、所在地区经济发展水平、调配水资源的用途等均存在差异,因而难以对职责做统一划分,但完全有必要构建合约,用项目责任书的形式明确政府与项目法人的职责分工,以及政府对项目法人的考核办法。项目责任书一般可包括:

①项目概况;

②建设条件和建设目标;

③项目法人组织结构和主要责任;

④政府部门监管、协调主要责任;

⑤项目法人的考核激励。

4.3 大型水资源配置工程项目顶层治理机制研究

政府如何对项目法人实行监管、考核激励,这在理论上就属项目顶层治理机制的核心问题。

4.3.1 项目顶层治理的特点

20世纪80年代中期以来,特别是进入新世纪后,我国大型基础设施工程建设事业迅猛发展,取得了举世瞩目的成就,有力地促进了我国经济社会水平的发展,这得益于我国"政府主导+市场机制"的建设体制优势。在这种制度下,工程所在地政府主管部门委托或授权项目法人实施项目;在政府相关部门审查并批复工程建设方案和确定工程建设目标的基础上,项目法人在实施工程过程中有充分的工程交易自主权、监管权和决策权。然而政府主管部门与项目法人客观

上存在联系,即项目顶层治理。这种项目顶层治理与一般工程交易治理关系不尽相同,主要存在下列特殊性:

(1) 参与主体的特殊性。委托方是政府主管部门,而工程实施中受托方,即项目法人,其可能是政府下属事业单位、政府组建的国资公司或国资参与的股份公司,或政府委托的工程咨询公司等多种性质的机构或企业。实践表明,它们要与不同性质或不同建设条件的大型工程相适应,因而政府主管部门与项目法人一般也是一种临时关系,这种关系并不是行政关系,也不是标准的交易关系,仅因工程项目而存在,是一种较为特殊的委托代理关系。

(2) 政府主管部门与项目法人合作的长期性。一般工程交易中,交易双方就某一交易合作,具有阶段性、一次性等的特点。政府主管部门与项目法人合作至少要经历工程建设的各个阶段,即建设全过程,大多大型水资源配置工程建设全过程需5~10年,相对于一般工程项目具有长期性。

(3) 项目法人具有双重属性。一方面,政府主管部门委托其承担工程建设管理任务,即希望其成为政府的"管家";另一方面,在工程实施中,即工程交易过程中项目法人的身份是发包方,是市场交易的主体。此时还需区分项目法人的属性:当项目法人为事业单位时,其并非是真正市场主体;而当项目法人为企业时,其才是真正的市场主体。

(4) 项目顶层治理影响着工程交易治理,并进而影响大型水资源配置工程实施绩效。项目顶层治理水平与调动项目法人的积极性、创造性关系密切,并直接影响到工程实施过程相关方案的优化、行为决策,以及对工程承包方和咨询方的科学管理或控制。

在传统公司治理、交易治理和项目治理研究中,代理理论(agency theory),即委托代理理论是占主导地位的理论范式[9-11],但心理学和社会学领域的学者认为,代理理论的假设有局限性,无法圆满地解释公司治理的现实问题[12],并提出了管家理论(stewardship theory)。而在大型工程顶层治理中,由于政府主管部门与项目法人关系的特殊性,以及项目法人属性的多样化,应用代理理论研究其治理问题并不十分适当[13],当然单一应用管家理论也有偏差。

4.3.2 代理理论或管家理论单一应用的局限性与融合纽带

4.3.2.1 代理理论或管家理论单一应用的局限性

在20年的大型水资源配置工程实践中,我国存在多种项目顶层的组织方式,如政府下设事业单位或国资公司,以及政府通过招标方式在市场上选择工程咨询公司对项目实施进行管理,这其中事业单位可称为政府的"管家",工程咨询公司即为经济学中的代理人,而国资公司也具有谋求利润的"天性",则介于"管家"与代理人之间。显然,在传统理论体系下,事业单位更适用管家理论,完全市场化的工程咨询公司更适用代理理论,而对国资公司这两种理论均难应用。事实上,在项目顶层治理视阈下,单一应用代理理论或管家理论均有明显局限性,其表现为:

(1) 面对大型水资源配置工程的不确定性,项目法人会调整其经营策略,进而改变项目法人的固有属性。如由于工程项目的项目法人为事业单位,当项目的不确定性使得项目目标与该事业单位的绩效目标存在冲突时,其一般会选择绩效目标而放弃工程项目目标。此时,通常被认定的"管家",实质变成了代理人;而当工程的这种不确定朝着有利于项目法人的方向发展时,即使项目法人是一家经营性公司,其为了社会声誉或后续经营,此时完全有可能为实现工程项目目标而努力,即一般假定的代理人,事实上在扮演着"管家"的角色。显然,大型水资源配置工程的不确定性,要求人们根据工程实施情境与项目法人管理工程的绩效,选择适当的治理机制,以充分调动项目法人的积极性和创造性。

(2) 大型水资源配置工程实施分阶段进行,各阶段项目法人所处情境存在差异,理论应用不能"一刀切"。当某工程项目法人采用某一设立方案,即项目顶层采用某一治理结构后,在项目不同阶段,因项目外部的边界,如政策法规环境等方面均存在差异,客观上要求采用不同的治理机制,该机制可能需用代理理论或管家理论才能解释。如在工程交易规划过程中,现行政策法规较缺乏,交易规划理论和方法也不是太成熟。在这种背景下,政府项目主管部门就应采用将控制与指导/建议相结合的治理机制;在工程招标过程中,在工程招标制度较为成熟的条件下,政府主管部门就没有必要另加控制,而是鼓励项目法人在现行政策框架内选择好工程承包方;在工程建设条件落实过程中,征地拆迁的矛盾较为突出,政府就有必要为项目法人提供协助、指导,重点不是对项目法人的控制。在工程施工阶段,对不确定性较大的工程,即施工存在较大风险,如工程实施/交易过程的变更等情况,就有必要对项目法人进行适当放权,鼓励其选择恰当的风险应对方案,而当这种变更规模较大时,政府就有必要适当控制,如组织专家对风险处理方案进行论证等。显然,政府主管部门对项目法人是以代理理论为指导还是以管家理论为指导,应考虑项目实施的情境,单一应用代理理论或管家理论将会导致项目治理效果产生偏差。

(3) 大型水资源配置工程项目实施中专业化分工较为细化,对项目专业化管理的要求较高,传统代理理论和管家理论中的以诚实为主导的信任已经不能适应当下需求,还存在专业能力信任问题。同样,控制/监督并不是代理理论下的专属工具,在管家理论下,受托方专业能力,以及由其而产生的任务执行力方面也存在控制/监督的问题。即使工程和项目法人是诚实的,当其专业管理能力与项目的技术或管理复杂性不相适应时,项目目标就难以实现,同样需要政府采用控制/监督工具。如,组织相关专家对项目决策过程或项目中间成果进行控制、把关,或提出指导建议。当然这种条件下控制/监督的重点可能与代理理论下的重点不同。

4.3.2.2　代理理论与管家理论融合的纽带:信任

综合相关研究成果[14-16],针对大型水资源配置工程项目顶层治理的特点,从理论基础、基本假设、委托方与受托方的关系及其表达方式,以及委托方对待受托方的策略等维度比较,结果显示,信任是核心差异,是选用代理理论或管家理论的分界。但信任程度是模糊的,并难以用定量的标准去衡量;不论是代理理论还是管家理论,均对委托方和受委方所处的情境具有依赖性,即双方的信任并不是一成不变的,而是随着他们所面临情境的变化而变化的。因而,是信任将这两种理论紧密地连在了一起,是它们相融合的重要纽带。

此外,在大型水资源配置工程实施中项目法人与政府存在着相互依赖的关系,而不能完全独立,构建合理的体制和机制,以提升双方信任程度,是实现项目目标的关键。因此,项目顶层治理需要代理理论和管家理论融合支持,并将信任作为代理理论和管家理论融合的中间或协调变量,以克服这两种理论单一应用的局限。

4.3.3　融合代理-管家理论的项目顶层治理机制优化

4.3.3.1　典型项目顶层治理结构下政府对项目法人的初始信任分析

对于信任,一般认为其核心要素是委托人和受托人的诚实。而Pinto则认为在工程发包人与承包人之间信任包括3个维度:基于诚实的信任、基于工作胜任能力的信任和基于直觉的信任。对于工程发包人而言,基于诚实的信任和基于工作胜任能力的信任是建立双方健康关系的重要因素[17]。敬乂嘉等人在研究政府与非营利组织的合作信任时,将政府选择非营利组织时采用的竞争力度作为测量政府对非营利组织信任的一个维度[18]。类似地,在工程实践中,工程发包人在选择工程承包方或咨询方时,竞争力度也是决定性因素,而在竞争力度中常包括两个重要维度:承包方或咨询方的诚实和专业能力[19];而政府设立或选择项目法人,类似于工程发包人选择承包方或咨询方。因此,政府对项目法人的初始信任也有诚实和专业能力两个维度:

(1)基于诚实的政府对项目法人的初始信任度。

(2)基于专业能力的政府对项目法人的初始信任度。

对于同一类典型项目法人,基于诚实和专业能力的信任度可能存在较大的差异[20]。更重要的是,政府应根据两类不同信任度分别优选治理策略。

4.3.3.2 政府与项目法人信任的特点、演化及其提升路径分析

(1) 政府与项目法人之间信任的特点。政府与项目法人之间信任的内涵不同于中国传统意义上信任的概念,也与公司治理中的信任不尽相同,主要表现为:

①政府与项目法人之间信任的特殊性。政府与项目法人之间信任属组织间的信任,但这其中政府是特殊的组织,其既是工程项目出资方,又是宏观政策制定者,以及行政权力的主体;其虽不存在损害项目法人的动机,但纵观经济社会的发展历程,也存在部分政府失信,或少数政府公职人员以权谋私的问题。此外,不论什么类型的项目法人,他们均有在项目实施过程中的工程发包权、项目管理中一般问题的决策权等。目前政府对项目法人的监管所依靠的监管主体不像公司监事会那样是专业、常设的机构,而是依靠政府设置的临时机构或委托的专业监管机构,实行某一领域或某一阶段的临时性、集中性的监管。因而项目法人存在较大的"偷懒"或"谋私利"的空间,即对政府而言,面临较大的道德风险。

②政府与项目法人之间信任形成机制的特殊性。信任如何构建?Khalfan等指出信任建立的过程由沟通、行动和结果组成。当沟通中的信息可靠时,信任出现;当人们履行诺言,结果又超出预期之外,信任将会得到加强;而当期望没有得到满足时,就会产生怀疑[21]。Munns构建了信任的螺旋发展模型,并指出项目中的初始信任非常重要。如果交往之初便都持有戒备心理,即一开始就假定对是不值得信任的,将会导致双方交往中互相防备,并如此恶性循环下去[22]。目前典型的项目法人设置方案有两大类:一是由政府直接组建的临时或永久性的项目法人,即事业单位类项目法人;二是政府主导直接组建或采用市场机制组建的企业型项目法人。不管是采用何种方式组建的项目法人,他们与政府均没有经过适度的合作或磨合。因此,从这一角度看,政府与项目法人之间形成的初始信任并不十分稳定。对此,政府应针对不同类型项目法人,选用不同形式的合同,包括正式合同或非正式合同。如对通过市场化确定的项目法人,应采用标准化的工程咨询合同,即正式合同,用其具体规定政府与项目法人的责任、权利和义务;而对于事业型项目法人,则采用项目管理责任或任务书等非正式合同,以明确项目法人在实施工程过程中的职责和任务,以及政府在工程实施中承担的项目融资、协调、监管等方面的责任。

③政府与项目法人之间信任的核心维度。在工程发包人与承包人之间的信任包括基于诚实的信任和基于工作胜任能力的信任,而政府与项目法人之间的信任也同样如此。这在于工程项目管理是一项专业性较强的活动,特别对重大工程项目,一般在技术和管理上均较为复杂,并不是任何组织均能胜任的;若让具有不同专业能力的管理者管理同一项目,其项目绩效可能完全不

同。没有具备相当专业能力的项目法人,即使其十分诚实,也难以实现重大工程项目的建设目标。因此,政府与项目法人之间的信任存在"诚实"和"专业能力"两个维度。

④政府与项目法人之间信任的不对称性。组织间信任不对称一般是指彼此之间信任程度的不对等[23,24]。由于政府与项目法人的地位、目标和期望存在差异,以及信息的不对称,使得双方对于彼此间信任程度的认识存在差异。此外,重大工程项目实施过程相当复杂。如,项目法人为克服项目实施过程的困难而付出巨大努力。但这一努力不一定能取得明显效果,或即使有明显效果,也可能得不到政府的响应。因此,政府与项目法人在项目实施过程中无论是哪一方在决定是否要给对方赋予信任时,并不能够肯定对方是否也同样信任自己。这就是在大型水资源配置工程实施中政府与项目法人之间的信任不对称性,这就要求政府与项目法人加强沟通。

(2) 政府与项目法人之间信任的演化及其特性。信任演化,即信任的发展和变化。Munns 运用博弈论原理得出工程项目信任的螺旋发展模型,该模型强调了交易双方初始/基本信任的重要性[22];Cheung 等的研究认为,工程参与方间的信任是一个由低水平向高水平的发展过程,每个阶段信任具有不同的特征[25];杜亚灵等对 PPP 项目中信任演化进行研究,认为其中的信任演化是一个随着时间的推移,信任度和信任维度不断变化的过程,主要是由项目不同阶段的不同工作内容决定的[26]。对大型水资源配置工程,政府与项目法人之间信任的演化是必然的,而且具有下列特性:

①初始信任没有经双方磨合,基础十分脆弱,发生演化的可能性很大。不论是基于诚实,还是基于专业能力的初始信任均没有在特定工程环境与实践下考验,如工程不确定性大,并给项目目标实现带来较大的风险;又如工程技术复杂,项目法人难以驾驭等。在这些环境下,政府与项目法人间信任演化的可能性很大。

②工程实施过程分成多个阶段,不同阶段双方信任也在演化。一方面,工程不同阶段,现有制度存在差别,对现有制度较为成熟的阶段,政府对项目法人信任较高,反之亦然;另一方面,不同阶段项目法人的任务不同,其完成任务的能力和取得的绩效也会有差异,因而双方信任度就会发生演化。

③工程及其实施环境变化,也会促使双方信任演化。这里所说的工程变化主要指,实际地质条件与获得的勘察资料存在差异等;工程实施环境变化包括自然环境和社会环境两方面的变化。自然环境变化主要表现为气象、水文等环境与预期不同;社会环境变化主要包括征地拆迁、施工用电和用路与原设计的不同,以及政策法规的变化等。组织间信任演化博弈分析表明,外部环境向好可促

进组织间的信任,而外部环境变差则会促使组织间信任恶化[26],因而,工程实施环境变化会引起政府对项目法人信任的演化。

④工程项目目标实现程度,会直接影响到政府对项目法人信任的演化。重大工程建设目标的实现程度除了与重大工程及其实施环境变化这一因素相关外,主要与项目法人的努力程度和专业管理水平相关。因此,在许多重大工程项目实施中,政府常将项目目标实现程度作为考核项目法人的重要指标[20],其直接影响政府对项目法人的信任程度。

(3) 政府与项目法人信任的提升路径。

1) 管家理论下政府与项目法人信任的提升路径。管家理论的基础是信任,在项目实施中如何不断修复或提升信任度,在社会科学中已有一些研究。其中,张传洲在对经济社会生活中一般信任进行研究后认为,要从信任演化中找到修复信任的路径[27]。针对重大工程特点,经对政府与项目法人之间信任的特点及演化分析,政府提升双方信任度的路径有:

①政府积极做好建设条件的保障工作,为项目法人提供更多服务,构造更好的工程项目实施环境;

②政府对项目法人充分授权,尽可能简化审批或审查流程,最大限度地下放项目决策权,提高项目法人在项目实施过程的决策效率,促进项目目标的高效实现;

③政府与项目法人加强沟通,将双方信任的不对称性降到最低程度,进而促进双方互信;

④政府对项目法人赋予精神激励,使项目法人具有成就感、获得感,进而激发其积极性、创造性和奉献精神。

上述的①和②表述是保障项目实施过程的高效率,或排除项目法人在实施项目中可能遇到的建设环境、审批流程等障碍。总体可归结为降低项目法人在工程实施中的风险,而这些风险若得到政府协助可有效控制,因而可将其归纳为政府合理分担风险的路径。

2) 代理理论下政府与项目法人信任的提升路径。代理理论的基础是不信任,在该理论框架下,沙凯逊的研究指出可采用合理分配风险和激励措施来降低这种不信任[28]。Fu等人的研究发现,激励能够调动代理人努力工作的积极性,而信任对关系行为的影响是路径依赖;同时当代理人努力成本的变化率小于或等于一个阈值时,激励和信任可以互补[29]。此外,考虑到信息不对称对政府与项目法人信任的影响,可将代理理论下政府与项目法人信任的提升路径概括为:

①在项目实施中,通过加强沟通实现信息共享,即克服双方信息不对称而提

升信任。

②合理分配风险,减轻项目法人实现项目目标难度,进而激发其努力积极性。

③政府采用物质激励方法,诱导项目法人为实现政府提出的工程项目目标而努力。

(4) 政府与项目法人不信任的弥补路径。Wong 等的研究认为严格地控制/监督不利于信任[30]。然而,对于政府,控制/监督可以弥补不信任,反之也可认为是提升信任的重要路径。

①管家理论的基础是信任,其是基于诚实的信任,并没有涉及工程实施中专业能力的信任。当基于专业能力的信任度明显低下时,政府也有必要选择控制/监督的弥补路径。除现有制度要求对工程技术方案进行审核、批复等环节外,还可要求项目法人将工程实施方案,如工程交易规划报备,甚至组织专家到项目现场指导等。特别是对临时组建的项目法人,专业能力一般较为薄弱,政府对其在专业能力方面的信任较差,常有必要组织专家对技术或管理方案进行专门的审查或指导。

②代理理论下不信任的弥补路径。基于诚实的不信任,代理理论下提出了不信任的弥补路径为控制/监督。由于工程项目的一次性,以及实施过程的不重复性,不会允许政府与项目法人留有更多的机会去构建信任。因此,当基于诚实的信任度明显低下时,政府就有必要采取控制/监督措施。如,南水北调工程(一期)实施中,政府方为国务院南水北调工程建设委员会办公室,其对项目实施进行"飞检",即在不让项目法人,以及工程监理和承包方知情的条件下,随机抽样检查项目现场[31];投资 49 亿元建设的广东省东深供水改造工程,投资方派专员驻工程建设现场,要求其履行反馈建设信息与监督职能[32];英国政府在 21 世纪初以 PPP 模式对伦敦整个地铁系统进行升级改造时,由英国交通部大臣任命专员代表政府方进驻项目现场,对项目实施进行监督[33]。

上述两种不信任的弥补路径并不完全独立,对政府而言,可根据大型水资源配置工程特点,将两路径整合,以降低工程交易成本。

4.4　大型水资源配置工程项目顶层治理机制优化策略

以提升信任为基础的项目顶层治理机制,客观上存在多种形式,有必要针对具体情境做出合理选择。

4.4.1　项目顶层治理机制分类

针对工程项目实施特点,经过政府与项目法人信任提升路径和不信任弥补路径分析(即项目顶层治理机制),项目提升信任路径可分为两大类,即各类项目通用路径和不同类项目或不同项目法人差别化选择路径。

(1) 各类项目提升政府与项目法人信任的通用路径包括以下两条:

①政府与项目法人加强沟通,降低信息不对称性。

②政府合理分担风险。包括积极协调工程建设环境、针对工程不确定性及时调整项目目标等。

在代理理论和管家理论下,上述两条路径表述上可能有差异,但在内涵上相近。

(2) 不同类项目或不同类型项目法人提升相互信任的差别化选择路径包括以下两条:

①政府对项目法人的精神或物质激励。

②政府派专员对项目法人控制/监督或指导。

上述两类路径,在不同维度的信任度下,其内涵存在一定差异。

4.4.2 项目顶层治理通用机制

不论何类项目法人,或采用代理理论和管家理论中任一理论指导的项目顶层治理的通用机制均包括沟通机制和项目风险管控机制。

(1) 政府与项目法人的沟通机制。在管家理论下,沟通能有效将政府反馈的精神激励及时传达至项目法人,使其更具有获得感、成就感;在代理理论下,沟通能有效解决政府与项目法人的信息不对称问题,预防项目法人的机会主义倾向。但总体而言,上述两理论出发点虽不同,但政府的治理策略基本相同。有效的沟通方式包括:①项目法人定期或按项目实施节点/控制点向政府报告项目实施现状;遇突发事件,项目法人及时向政府报告;②政府定期或不定期派专员进驻项目现场把握相关情况,并及时反馈,也可派专员/联络员时常进驻项目现场。不同沟通方式,双方沟通的有效程度不同,成本也不同,应根据政府对项目法人的信任程度及重大工程实施各阶段的任务进行选择。

(2) 政府对项目风险的积极管控机制。大型水资源配置工程项目实施中,项目法人的主要风险包括工程建设条件的落实、工程地质及建设市场等条件发生变化和一些自然及社会的突发事件。这些风险责任一般应由政府方承担,其应积极管控好此类风险。政府对项目风险管控,在管家理论框架下,是为项目法人创造良好的项目管理环境,激发其努力工作的积极性、创造性;在代理理论框架下,是使项目法人体会到政府讲信用,履行承诺,可促进其自觉履行好合同的积极性。总体而言,上述两理论出发点似乎不一样,但对政府而言,采用的治理策略基本一致,包括做好协助建设条件落实工作,根据重大工程地质环境改变或不利自然条件的影响,及时调整项目目标,降低项目法人实现目标的风险。

4.4.3 项目顶层治理差别化机制

对不同类型项目或不同类项目法人,项目顶层治理的差别化选择机制包括对项目法人的激励和控制/监督机制。这两种机制的应用有必要充分考虑大型水资源配置工程项目治理结构和政府对项目法人的初始信任度,其后考虑精准施策措施。

(1)政府对项目法人的激励机制。这种激励机制包括精神激励和物质激励两种机制。其中,精神激励是管家理论假设人性为"善/社会人"条件下提出的激励机制;物质激励则是代理理论假设人性为"恶/经济人"条件下推崇的激励机制。而事实上,两种理论对人性的假设均有偏差。特别是在当前中国特色社会主义新时代,政府对项目法人的精神激励和物质激励均有必要。

①不论何种类型的项目法人对其进行精神激励均不可缺失。对事业类型和国资企业型项目法人,精神激励更加重要,需要大力提倡。就政府而言,这种激励不仅针对这些组织,更重要的是要面向这些组织的高级管理人员。精神激励的内容包括赠予荣誉、提供更多职业发展通道,甚至提升职级等。因组织中的高级管理人员是领导的核心和组织指挥者、决策者,调动他们的积极性、创造性意义重大。这用管家理论完全可以得到解释。国资或国资参股企业,通过精神激励不仅能满足组织或高级管理人员的成就感,提升他们为实现项目目标而努力的积极性,而且在我国现行制度框架下,获得精神激励,可为他们的进一步发展创造更好的环境或条件。

②对不同类型的项目法人应采用不同程度、不同方式的物质激励机制。在传统管家理论框架下未提及物质激励。事实上,在市场经济环境下,物质是组织或个人生存或发展的基础。对事业型项目法人,其员工薪酬、福利,以及组织活动经费等均列入政府预算,并由政府按预算支付,但这并不表示,提高员工福利,以及对员工物质激励就没有必要。恰恰相反,对员工物质激励是调动其积极性的措施之一。不论是何种努力都会增加付出或成本,作为政府绝不能"让老实人吃亏",这是一个基本原则。面对2020年春天抗击新冠病毒的战斗,一方面,许多医务工作者积极投身到一线抗击疫情;另一方面,政府关爱在一线战斗的医务工作者,并及时宣布提高他们的薪酬和福利待遇。这为事业型项目法人应用物质激励机制提供了范例。对于企业型项目法人应用物质激励机制,在代理理论下更能获得解释。水利部在2020年颁发的水利工程项目法人管理指导意见中,鼓励各地结合本地实际,建立与项目法人履职绩效相挂钩的薪酬体系和奖惩机制[9]。这些均可供参考。

(2) 政府对项目法人的控制/监督机制。代理理论与管家理论的界线是信任,而其存在着模糊区间。此外,控制/监督也存在多种方式和不同力度,即控制/监督在重大工程项目实施不同阶段的表现形式不尽相同;与此同时,重大工程实施分工程设计、施工准备(包括工程交易规划、建设条件落实等)、工程施工和工程竣工验收等阶段[34],进而可将政府控制/监督机制进一步细分为如下过程:

①项目法人向政府报备项目状态;
②政府组织审查或审批;
③政府组织抽检或巡视;
④政府组织专家对专业能力弱的项目法人进行专业审核/指导;
⑤政府派专员进驻工程现场等。

4.5 案例:环北部湾广东水资源配置工程顶层治理设计

4.5.1 环北部湾广东水资源配置工程简介

4.5.1.1 工程任务与规模[35]

环北部湾广东水资源配置工程是系统解决粤西地区、特别是雷州半岛水资源短缺问题的重大水利工程。工程的开发任务为:以城乡生活和工业供水为主,兼顾农业灌溉,为改善水生态环境创造条件。工程受水区包括云浮、茂名、阳江、湛江4个市的13个县(区),受益范围达 3.09 万 km²。工程建成后可向粤西多年平均供水 26.18 亿 m³,其中城乡生活、工业用水 18.56 亿 m³,农业灌溉用水 7.62 亿 m³,属准公益性项目,偏重于经营性。各市水量分配为:云浮市 1.83 亿 m³,茂名市 6.14 亿 m³,阳江市 1.46 亿 m³,湛江市 16.75 亿 m³。

工程地心取水头部的流量设计规模为 110 m³/s,向云浮市分水流量为 10 m³/s 后,输水流量 110 m³/s 至高州水库,高州水库供水茂名市、阳江市合计流量 26 m³/s;高州水库向鹤地水库的输水流量规模为 70 m³/s,鹤地水库再向湛江市输水流量规模为 27 m³/s。

4.5.1.2 工程布置

(1) 工程总布置。工程最大设计引水流量 110 m³/s,工程等别为Ⅰ等,工程规模为大(1)型。工程由水源、输水干线、输水分干线组成,全长 499.9 km;泵站 5 座(包括地心泵站、廉江泵站、合雷泵站、松竹泵站、龙门泵站),总装机容量为 402 MW。工程自广东省云浮市郁南县西江干流地心村河段右岸无坝引水,取水泵站设计引水流量 110 m³/s,设计扬程 162 m,共安装 7 台立式单级单吸蜗壳离心泵,5用2备,总装机容量为336 MW。

(2) 输水干线。输水干线包括:西江取水口——高州水库段干线(简称西高干线,长127.4 km)、高州水库——鹤地水库段干线(简称高鹤干线,长74.5 km),合计总长201.9 km。西高干线设计流量110 m³/s,输水线路自北向南采用有压钢管下穿南广高铁后再通过隧洞、暗涵、渡槽等建筑物无压输水,穿越云开大山至高州水库。高鹤干线从高州水库北库——良德水库主坝左岸取水,设计流量70 m³/s,采用隧洞、暗涵、渡槽、倒虹吸等建筑物,无压和有压结合自东北向西南输水至鹤地水库,共有38座输水建筑物。

(3) 输水分干线。输水分干线包括云浮分干线、茂名阳江分干线、湛江分干线,合计总长298.0 km。

①云浮分干线全长25.8 km,其从干线替滨倒虹吸进口分水10 m³/s,由西往东采用重力流有压管道和隧洞输水至云浮市金银河水库,沿线给七和水厂和金银河水厂分水。

②茂名阳江分干线全长95.2 km,其从高州水库的南库(石骨水库)电站东侧取水26 m³/s,由北向南采用重力流有压隧洞和管道输水至龙眼坪分水口,在分水口由龙名段向名湖水库分水,规模10 m³/s;线路继续向东南输水(规模18 m³/s)至河角水库附近向河角水库分水,规模10 m³/s;然后线路继续向东北通过有压隧洞、埋管输水至茅垌水库,规模10 m³/s,最后连接高州水库连通渠扩建工程。

③湛江分干线全长177.0 km,其从鹤地水库取水,自北向南布线,经合流水库、龙门水库、余庆桥水库后至大水桥水库。分干线由3段组成,它们分别为:鹤合段(鹤地水库至合流水库段),在鹤地水库取水,设计流量27 m³/s;合雷段(合流水库至雷州南渡河段),在合流水库取水,设计流量20 m³/s;雷徐段(雷州南渡河至徐闻段),该段在南渡河南岸与合雷段衔接,设计流量13 m³/s。

4.5.1.3 工程投资估算、项目法人与融资计划[36]

(1) 工程投资估算主要结果如表4-3所示。

表4-3 工程项目估算投资

工程项目名称	长度(km)	估算静态投资(亿元)	备 注
工程整体	—	588.4	
水源工程(泵站)	—	39.2	
输水工程	499.9	545.8	
沿线泵站、信息化	—	22.3	

续表

工程项目名称	长度（km）	估算静态投资（亿元）	备注
干线工程	201.9	344.5	
云浮分干线	25.8	12.2	
茂名阳江分干线	95.2	62.8	其中16.7 km位于阳江市
湛江分干线	177.0	107.3	

（2）工程建设项目法人。广东省政府委托广东粤海控股集团有限公司组建环北部湾广东水资源配置工程的项目法人广东粤海粤西供水有限公司。广东粤海粤西供水有限公司为广东粤海控股集团有限公司全资子公司，全面负责工程的投资、建设与运行管理，建设期负责项目企业资金筹措及项目融资贷款；负责组织项目建设，并按照项目法人责任制、招标投标制、建设监理制、合同管理制要求，对工程安全、质量、进度及投资控制等全面负责；运行期负责项目运行管理，保证工程公益性和经营性功能的有效发挥，并负责项目还贷，承担相应国有资产保值增值责任。

（3）工程项目融资计划。中央和省级政府预算内投资资本金比例（争取）为43.2%（2 544 118万元）、项目法人/企业资本金比例为37.0%（2 175 786万元）、银行贷款本金比例为19.8%（1 164 215万元），按现行贷款利率4.9%计，建设期利息为293 685万元。

4.5.1.4 环北部湾广东水资源配置工程与其他工程项目相关参数比较

环北部湾广东水资源配置工程与珠江三角洲水资源配置工程项目的相关参数比较如表4-4所示。

表4-4　环北部湾广东水资源配置工程与珠江三角洲水资源配置工程项目的相关参数比较表

相关参数＼工程名称	环北部湾广东水资源配置工程	珠江三角洲水资源配置工程	备注
影响范围	4市[湛江、茂名、阳江和云浮，13个县（区）]	2市1区（东莞、深圳、南沙区）	
年均供水量（亿 m^3）	26.18	17.08（2040年）	
干线输水流量（m^3/s）	110	80	
受水用途（亿 m^3）	18.56（城乡生活、工业），7.62（农业）	13.19（城乡生活）、3.89（工业）	增加了服务农业的功能
输水线路长度（总、分干线）（km）	499.9	112.2	项目输水线路增长较多

第4章 大型水资源配置工程项目顶层治理研究

续表

工程名称 相关参数	环北部湾广东 水资源配置工程	珠江三角洲 水资源配置工程	备 注
泵站数量(座)	5	3	
总装机容量(MW)	402	162	
施工工期(年)	8	5	
征地拆迁范围	4个地级市14个县(区)	4个地级市5个县(区)	
搬迁情况	71户325人,拆迁 房屋50 835.8m²	365户901人,拆迁 房屋69 886.94m²	
征收土地(亩)	2 749.96(永久征地) 25 826.63(临时征地)	2 444.31(永久征地) 5 957.30(临时征地)	
(静态)总投资(亿元)	588.4	331.79	
中央、省级政 府资本金(亿元)	254.4	47.82	
项目法人资本金(亿元)	217.6	123.00	
银行贷款(亿元)	116.4	160.96(含利息)	

注:投资/融资均为估算或预期。

表4-4中数据表明,环北部湾广东水资源配置工程与珠江三角洲水资源配置工程相比,最大的差异是输水线路长,影响范围广,即工程实施过程的项目管理工作量会大幅增加,并导致管理费用的增长。此外,项目增加了服务农业的功能。

4.5.2 环北部湾广东水资源配置工程项目顶层治理组织结构设计

根据环北部湾广东水资源配置工程准经营性的特点,采用本章4.2.4节项目顶层治理结构设计方法,该工程被认为可采用企业型项目法人。参考珠江三角洲水资源配置工程的实践,进一步构建由省属国资企业项目公司承担项目法人的职责,形成如图4-6所示项目顶层治理组织结构。

图4-6中,广东省水利重大项目建设总指挥部已经于2019年10月成立,除确定总指挥、副总指挥和部分成员外,明确项目沿线各地级以上市政府负责同志为总指挥部成员;总指挥部下设办公室(专职,办公地设在广东省水利厅)[37]。总指挥部对项目重大问题决策;总指挥部办公室负责落实总指挥部决议,协调项目建设过程中征地拆迁等问题,并对项目法人考核激励;项目法人承担项目实施主要职责。

目前广东省水利重大项目建设总指挥部办公室挂靠省水利厅,由省水利厅厅长兼任办公室主任,省水利厅两位副厅长兼任办公室副主任;该办公室下设前期组和建设组,分别由省水利厅两位处长兼任。与引江济淮(安徽段)工程建设领导小组办公室相比,缺专职管理人员。

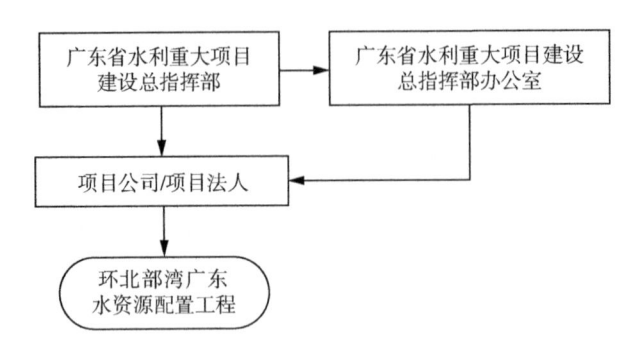

图 4-6　项目顶层治理组织结构

【案例 4-6】 引江济淮工程(安徽段)建设领导小组办公室作为项目顶层治理结构政府方

引江济淮工程(安徽段)建设领导小组办公室设在安徽省发改委,由安徽省发改委副主任兼任办公室主任,建设领导小组办公室下设 3 个处,各处主要职能分别介绍如下:

(1) 引江济淮工程综合处。组织拟订引江济淮工程有关地方性法规规章草案和综合性政策、管理办法,组织编制相关规划并监督实施;承担相关综合协调工作。

(2) 引江济淮工程协调处。协调调度引江济淮工程前期工作推进、重大设计方案变更、实施建设和运行中有关问题。监督控制工程投资总量,综合协调平衡计划、资金和工程建设进度;制定相关政策办法并组织实施。

(3) 引江济淮工程保障处。协调调度引江济淮工程征地拆迁安置、跨河交叉工程建设等有关问题,协调保障工程建设环境;开展项目督促检查,监督工程计划执行;制定相关政策办法并组织实施。

在项目顶层治理组织结构的基础上,引江济淮工程(安徽段)建设领导小组办公室有必要根据项目特点,与项目法人签订项目责任书,以明确政府、项目法人双方的责任、权利和义务,包括激励机制。这其中,一般是政府对工程实施中的重大问题决策,为项目法人构建良好的建设环境,对项目法人进行考核激励等;项目法人依法科学采用市场机制组织项目实施。对干线工程、分干线工程,甚至不同分干线工程间,项目责任书的具体内容不尽相同,但基本原则,一是要保证确定的项目功能、安全目标要实现;二是希望用较低的成本实现工程功能的安全目标。

4.5.3 环北部湾广东水资源配置工程项目顶层治理机制设计

环北部湾广东水资源配置工程采用企业型项目法人，起步时采用报备、抽检或巡视，以及派专员驻工程现场等组合方式进行监管；在项目实施过程中，根据每季度或年度考核结果对控制/监管机制进行调整，并根据每季度或年度考核结果，落实项目责任书激励机制，做到奖惩分明，以充分调动项目法人积极性。

4.6 本章小结

（1）经30多年大型水资源配置工程建设实践，我国现已形成了"政府主导＋市场机制"的体制。在该建设体制下，政府负责组建项目法人，而项目法人采用市场机制负责项目实施工程，建成或正在建设一批大型水资源配置工程。本书通过论述可发现，在这当中，政府如何组建项目法人、设置监管机构，以及政府与项目法人之间如何合理进行职责划分，并组织协调、监督和激励，即科学设计项目顶层治理结构和机制，对大型水资源配置工程建设目标的高效实现影响极大。

（2）本书论述结果表明，各大型水资源配置工程项目存在差异，包括项目经济属性、工程规模、复杂程度、工程所在地经济社会发展程度等；与此同时，工程实施责任主体的项目法人设置方案也存在多种选择，并可归纳为事业型和公司/企业型两类。针对这一特点，本书提出了优选项目法人设置方案的方法；同时，也提出了与项目法人类型相对应的政府方指挥、协调、指导和监管机构的设计方法，以及还提出了在政府与项目法人之间签订项目责任书的理念，即提出了科学构建大型水资源配置工程项目顶层治理结构的理论和方法。

（3）项目治理结构与治理机制为一枚硬币的两面。大型水资源配置工程项目顶层治理机制也是本章研究的重要内容。在分析委托代理理论、管家理论应用于项目顶层治理的积极意义和局限性的基础上，融合这两种理论，针对不同大型水资源配置工程项目法人设置方案，提出项目顶层治理策略，这可为大型水资源配置工程项目提升顶层治理能力，实现项目治理现代化提供支持。

（4）环北部湾广东水资源配置工程与正在实施的珠江三角洲水资源配置工程在工程结构上类似，主要差异是项目沿线分布规模明显增大，项目经济属性存在一定差异，项目所在地或受水区经济发展水平也存在较大差距。因而项目法人组建方案上存在差异。广东省政府决定委托广东粤海控股集团有限公司负责组建广东粤海粤西供水有限公司为项目法人，即该公司为广东粤海控股集团有限公司的全资子公司，这是可行的，与项目的经济属性、项目所在地的经济社会发展水平基本相适应。

参考文献

[1] 王卓甫，丁继勇. 重大工程交易治理理论与方法[M]. 北京：清华大学出版社，2022.

[2] 杨蓓."整体政府"视角下滇中引水工程建设管理研究[D]. 昆明：云南大学，2018.

[3] 江西省峡江水利枢纽工程建设总指挥部. 江西省峡江水利枢纽工程工程管理[M]. 北京：中国水利水电出版社，2016.

[4] 张效武. 安徽引江济淮工程建设项目法人组建及运行分析[J]. 中国水利，2019(16)：35-37.

[5] 王卓甫，杨高升，洪伟民. 建设工程交易理论与交易模式[M]. 北京：中国水利水电出版社，2010.

[6] CHEN Y, LI B. Dynamic multi-attribute decision making model based on triangular intuitionistic fuzzy numbers[J]. Scientia Iranica, 2011, 18(2)：268-274.

[7] 张市芳. 直觉模糊多属性群决策的 VIKOR 方法[J]. 西安工业大学学报，2015,35(3)：182-185.

[8] 胡芳，刘志华，李树丞. 基于熵权法和 VIKOR 法的公共工程项目风险评价研究[J]. 湖南大学学报：自然科学版，2012,39(4)：83-86.

[9] 水利部. 水利工程建设项目法人管理指导意见的通知（水建设〔2020〕258号）[S]. 北京：水利部，2020.

[10] 李慧敏，王卓甫. 建设工程发包方式的谱分析与设计模型[J]. 科技进步与对策，2009,26(21)：91-94.

[11] 王彦，李楚霖. 拍卖机制理论中的收益等价性及应用[J]. 系统工程理论与实践，2004(4)：88-91.

[12] DEREK S DREW, MARTIN SKITMORE. Testing Vickery's revenue equivalence theory in construction Auctions[J]. Journal of construction engineering and management, 2006(132)：425-428.

[13] ESTHER DAVID, RINA AZOULAY-SCHWARTZ, SARIT KRAUS. Bidding in sealed-bid and English multi-attribute auctions[J], decision Support Systems, 2006, 42(2)：527-556.

[14] Project Management Institute. Construction Extension to the PMBOK Guide[M]. Pennsylvania: Project Management Institute, Inc. , 2016.

[15] ALHAZMI T, MC CAFFER R. Project procurement system selection model [J]. Construction Engineering and Management, 2000, 126(3): 176-184.

[16] 陈勇强, 焦俊双, 张扬冰. 工程项目交易方式选择的影响因素及其方法[J]. 国际经济合作, 2010(2): 51-55.

[17] PINTO J K, SLEVIN D P, ENGLISH B. Trust in projects: An empirical assessment of owner/ contractor relationships[J]. International Journal of Project Management, 2009(27): 638 - 648.

[18] 敬义嘉, 崔杨杨. 代理还是管家: 非营利组织与基层政府的合作关系[J]. 中国第三部门研究, 2015(1): 14-31.

[19] KHALFAN M M A, MC DERMOTT P, SWAN W. Building trust in construction projects[J]. Supply Chain Management: An International Journal, 2007, 12(6): 385-391.

[20] 王卓甫, 丁继勇, 乔然, 等. 广东省水利工程建设项目法人组建方式和治理对策研究[R]. 南京: 河海大学, 2019.

[21] KHALFAN M M A, MC DERMOTT P, SWAN W. Building trust in construction projects[J]. Supply Chain Management: An International Journal, 2007, 12(6): 385-391.

[22] MUNNS A K. Potential influence of trust on the successful completion of a project[J]. International Journal of Project Management, 1995, 13(1): 19-24.

[23] GRAEBNER M E. Gaveat venditor: trust asymmetries in acquisitions of entrepreneurial firms[J]. Academy of Management Journal, 2009, 52(3): 435-472.

[24] DE JONG B A, DIRKS K T. Beyond shared perceptions of trust and monitoring in teams: imlications of asymmetry and dissensus[J]. Journal of Applied Psychology, 2012, 97(2): 391-406.

[25] CHEUNG S O, WONG W K, YIU T W, et al. Developing a trust inventory for construction contracting[J]. International Journal of Project Management, 2011, 29(2): 184-196.

[26] 张学龙, 韩黎丽, 覃滢樾, 等. 基于马尔可夫链的供应链信任演化博弈与稳定策略[J]. 统计与决策, 2019(10): 47-51.

[27] 张传洲. 信任演化及其修复研究[J]. 辽宁行政学院学报, 2016(2): 48-51.

[28] 沙凯逊. 建设项目治理十讲[M]. 北京: 中国建筑工业出版社, 2017.

[29] FU Y C, CHEN Y Q, ZHANG S B et al. Promoting cooperation in construction projects: an integrated approach of contractual incentive and trust[J]. Construction Management and Economics, 2015, 33(8): 653 - 670.

[30] WONG P S P, CHEUNG S O. Structural equation model of trust and partnering success[J]. Management in Engineering, 2005, 21(4): 70-80.

[31] 王松春, 刘春生. 中国南水北调工程·质量监督卷[M]. 北京: 中国水利水电出版社, 2019.

[32] 广东省东江—深圳供水改造工程建设总指挥部. 东深供水改造工程: 第一卷建设管理[M]. 北京: 中国水利水电出版社, 2005.

[33] National Audit Office. London Underground: Are the Public Private Partnerships Likely to Work Successfully? [EB/OL]. https://www.nao.org.uk/report/london-underground-are-private-the-public-partnerships-likely-toVwork-successfully/. 2004.6.17.

[34] 王卓甫, 谈飞, 张云宁, 等. 工程项目管理: 理论、方法与应用[M]. 中国水利水电出版社, 2007.

[35] 中水珠江规划勘测设计有限公司, 广东省水利电力勘测设计研究院有限公司. 环北部湾广东水资源配置工程可行性研究报告//第十四篇 工程管理(审定稿)[R]. 2021-9-27.

[36] 中水珠江规划勘测设计有限公司, 广东省水利电力勘测设计研究院有限公司. 环北部湾广东水资源配置工程可行性研究报告//第一篇 综合说明(审定稿)[R]. 2021-9-26.

[37] 广东省人民政府. 广东省重大工程建设项目总指挥部组建方案(粤府函〔2019〕367号)[S]. 广州: 广东省人民政府, 2019.

第5章

大型水资源配置工程建设管理组织设计研究

第4章主要探讨了项目顶层治理组织间的责权分配和协调等问题,本章主要研究项目法人组织内的管理组织问题。

5.1 管理组织与大型水资源配置工程建设

5.1.1 管理组织基本理论

现代组织设计理论基于企业组织的研究[1],因此较适合于项目法人组织设计,但不管是事业型还是企业型项目法人,他们的共性均要求组织能满足工程交易管理的需要,这与企业管理存在一些差异。

5.1.1.1 组织设计的原则

(1) 因事设职与因人设职相结合的原则。对于常设性项目法人,这一原则完全适合,但对于临时性项目法人,后者就并不完全适用。临时性项目法人一般是因职而去招聘适合岗位要求的人才。

(2) 权责对等的原则。组织中的每个部门和岗位都必须完成规定的任务。而为了完成这些任务,需开展一定的活动,这均要相应的资源支持。

(3) 命令/目标统一的原则。组织中的任何成员只能接受一个上级的领导,并尽可能减少副职。

5.1.1.2 组织设计的影响因素

(1) 外部环境的影响。该指对项目实施产生影响的环境,包括自然的、社会的环境。如建设市场十分复杂,这就要求项目法人对负责工程招标、合同管理的管理部门加强力量的配置。

(2) 项目目标的影响。包括工程产品目标和建设过程的目标要求,如目前对建设过程安全目标要求较高,这就要求项目法人建立安全管理领导小组,配备专职的安全管理人员。

(3) 工程特点的影响。这主要包括技术复杂程度、工程结构分布等。对技术复杂的工程,工程技术管理部门不能缺失,或在工程建设前期工程技术问题没有解决之前,需要技术管理部门,而在工程建设后期,工程技术问题解决了,可取消这一部门;对水利枢纽工程,项目法人一般可不设置二级管理部门,而对于工程沿线分布超百千米的工程就有必要设置二级管理部门。

(4) 信息技术应用的影响。信息化本质上是更有效地增加了每个人/部门掌握更多的管理信息,促使其管理能力的提升。信息化程度的提高,可促使组织结构扁平化,加强各部门协调,并对集权化和分权化带来双重影响。

(5) 工程进展的影响。工程项目从开工到完工是一个发展变化的过程,项目法人管理组织结构有必要根据这些变化而适时调整。

5.1.1.3 部门化

(1) 管理职能部门化。将联系密切的管理职能/岗位,即管理单元归类,将相近或存在内在逻辑关系的管理单元放在一起,即形成管理部门。

(2) 区块/段管理部门化。工程项目存在明显块/段,在管理上存在差异,或统一管理成本较高时,可将工程项目按区块/段设置部门。

5.1.1.4 集权与分权

组织的不同部门拥有的权力范围不同,会导致部门之间、部门与最高指挥者之间,以及部门与下属单位之间的关系不同,而使组织的结构也不同[2]。

(1) 权力的概念十分丰富。管理系统中某一职位的权力——制度权,本质上是决策权,即决定干什么,决定如何干,以及决定什么时间干的权力。制度权与管理中的管理职位有关,而与占据这个岗位的人无关;制度权力只赋予某个职位人员向直接下属(或管理对象)发布命令的权力。

(2) 集权与分权的相对性。集权是指决策权在组织系统中较高管理层的一定程度的集中;与此对应,分权是指决策权在组织系统中较低管理层某一程度的分散,它们是相对的概念。

(3) 集权倾向与过分集权有缺陷。集权倾向主要与组织的历史和领导的个性有关,但有时也可能为了追求行政上的效率。集权的主要缺陷有:降低决策质量、降低组织适应能力、降低组织成员的工作热情。

(4) 分权及其实现路径。集权与分权不存在对与错的问题,但一般会倾向于集权,但也存在如下分权因素:

①组织的规模。组织规模越大,分权越存在动力。

②组织活动的分散。当组织中某些部门离总部较远时,分权就存在动力,不然就会导致管理效率低下或管理成本高。如何实现分权,主要有两条路径:一是组织设计中合理分配权力,即制度分权;二是上级主管人员在工作中的授权。

5.1.2 典型大型水资源配置工程建设管理组织

大型水资源配置工程规模大、影响范围广、利益相关方多,项目法人希望高效地实施工程建设,这离不开科学管理组织的支持。

5.1.2.1 大型水资源配置工程管理组织设计程序

大型水资源配置工程项目管理组织与制造企业管理组织不尽相同。制造企业管理主要根据生产和销售活动设计企业组织,而项目法人管理组织主要决定于工程交易安排,因此,大型水资源配置工程管理组织设计程序如下:

(1) 大型水资源配置工程发包方案设计。大型水资源配置工程仅干线工程的长度通常超百千米,有的甚至数百千米,并形成若干段。每一段又有若干不同类型的建筑物。因此,一般情况下就有必要在系统分析的基础上,将其分成若干段或若干节点分别建设,即将工程分成若干子项工程分别发包。如南水北调东线江苏段,沿线分布长度有 404 km,项目法人将其分为 40 个设计单元分别开展建设。

(2) 大型水资源配置工程总进度计划设计。从项目整体出发,在投资有限或关键节点工程建设工期控制的条件下,科学安排各子项工程开始发包的时间,即子项工程开工时间,以实现工程项目投资效益最大化。一般将建设工期最长的子项工程放在最先开工。

(3) 综合考虑各子项工程建设时段、空间位置/行政区划设计管理组织单元。云南省滇中引水工程输水总干渠总长 664.24 km,跨越 6 个市(州)。作为项目法人的云南省滇中引水工程建设管理局内设 10 个正处级管理职能机构,以行政区划为单元下设 6 个建设管理分局(正处级事业单位)。湖北省鄂北地区水资源配置工程输水干线路总长 269 km,作为项目法人的鄂北地区水资源配置工程建设与管理局内设 4 个管理职能机构,以空间节点为单元下设 3 个工程建设管理部。珠江三角洲水资源配置工程输水干线路总长 113.2 km,作为项目法人的广东粤海珠三角供水有限责任公司内设 10 个管理职能机构,以空间为单元下设 4 个工程建设管理部。

5.1.2.2 内设职能部门与下设建设管理机构职责

水利工程建设项目的管理目标基本相同,包括工程产品的质量、进度和投资目标,以及建设过程的安全、环境等。就项目法人内设职能部门划分,水利部在水利工程建设项目法人管理指导意见中提出,一般可设置工程技术、计划合同、质量安全、财务、综合等内设机构[3]。

事实上，不同大型水资源配置工程，其内设职能管理部门划分，以及下设建设管理机构的任务不尽相同。

【案例 5-1】 云南省滇中引水工程建设管理局下属机构主要职责

云南省滇中引水工程及其项目法人概况可见案例 4-1，作为项目法人的云南省滇中引水工程建设管理局下属机构主要职责如下：

（1）办公室。该处负责局机关日常运转工作；牵头组织档案管理工作；联系对接分局和公司管理工作。

（2）建设管理处。该处负责编制和组织实施工程项目年度工程实施方案；牵头研究和协调解决工程建设中的重大问题；牵头负责对参建单位的监督管理，执行工程建设程序，指导直属分局开展工程现场管理；牵头组织各阶段验收工作，配合做好专项验收工作；牵头组织工程建设管理信息化建设工作。

（3）财务处。该处负责行政事业经费和工程建设资金管理使用和会计核算工作；牵头组织编制年度项目资金预算、项目竣工财务决算，监测统计工程建设资金使用情况；负责局机关和直属单位资产、财务管理工作；对公司财务进行监督。

（4）合同和法规处。该处负责组织工程项目合同的谈判、审查和合同管理有关工作；负责工程项目结算管理工作；负责牵头组织政策法规工作；牵头组织工程项目招标文件商务部分及招标控制价、工程量清单的编制和审核。

（5）机电物资处。该处编制并组织实施工程统供材料供应计划；负责组织工程施工期间招标采购的机电设备、物资的管理工作。

（6）质量安全监督处。该处负责工程质量、安全生产综合监督管理，指导分局开展工程质量、安全生产管理工作，监督参建单位的工程质量和安全生产管理工作。

（7）工程技术处。该处负责组织工程设计管理工作，承办一般设计变更的审查审批和重大设计变更审核报批工作；负责工程科研项目管理，承担滇中引水工程专家委员会秘书处工作；负责统一协调推进、督促滇中引水工程二期工程前期工作。

（8）环境与征地移民处。该处负责组织协调工程施工影响区域的环境保护、水土保持工作；承担工程用地报批工作；组织协调工程征地拆迁安置工作，协调、督促地方政府落实征地拆迁安置主体责任。

（9）审计稽察处。该处负责对工程全过程跟踪审计工作的管理，组织对机关和直属单位进行内部审计，组织对工程决算进行内部审计；负责组织开展对工程建设管理、财务管理、资金安全等的监督检查。

(10)机关党委(人事处)。该处负责局机关及直属事业单位党的建设工作,领导机关纪委和工青妇等群团组织工作,指导公司基层党的建设工作;承担局机关和直属事业单位的机构编制、干部、人事和退休人员管理等工作;负责公司企业领导人员的管理工作,指导公司人才队伍建设工作。

注:云南省滇中引水工程建设管理局下设6个分局,分局即现场管理机构,主要承担滇中引水工程建设期工程区的主要建筑物、生产生活区、环境保护、水土保持、料场等工程项目建设的现场组织、协调、管理等工作。

【案例 5-2】 鄂北地区水资源配置工程建设与管理局下属机构主要职责

鄂北地区水资源配置工程及其项目法人概况见案例4-2,项目法人为鄂北地区水资源配置工程建设与管理局下属机构,其主要职责如下:

(1)综合部。该部主要负责综合协调和内部运行管理工作,承担党务、纪检、人事、宣传、文秘、档案和内部运行管理等工作。

(2)规划与财务部。该部主要负责工程项目立项审批、投融资、筹措建设资金和资金管理、审计、招投标及合同管理等工作。

(3)工程技术部。该部主要负责组织工程建设管理工作,负责工程建设进度、质量和安全;承担征地拆迁、移民安置、环境和文物保护等组织协调工作。

(4)调度运行部。该部主要负责工程运行管理、信息化建设和防汛抗旱等工作。

(5)丹襄工程建设管理部。该部主要负责取水口至枣阳七方段出口(含七方段出口)工程段的建设与管理、运行维护和防汛抗旱工作;负责工程建设进度、质量和安全;负责沿线水资源保护、生态环境建设、水质监测和征地拆迁协调等工作。

(6)枣随工程建设管理部。该部主要负责枣阳七方段出口至封江口水库出口(含封江口水库出口)工程段的建设与管理、运行维护和防汛抗旱工作;负责工程建设进度、质量和安全;负责沿线水资源保护、生态环境建设、水质监测和征地拆迁协调等工作。

(7)广悟工程建设管理部。该部主要负责封江口水库出口至王家冲水库工程段的建设与管理、运行维护和防汛抗旱工作;负责工程建设进度、质量和安全;负责沿线水资源保护、生态环境建设、水质监测和征地拆迁协调等工作。

注:(1)~(4)为内设职能机构;(5)~(7)为下设现场建设管理部。

【案例 5-3】 四川省向家坝灌区建设开发有限责任公司管理职能机构主要职责

四川省向家坝灌区北总干渠一期工程于2014年被列入国务院172项节水供水重大水利工程。工程涉及四川省宜宾、泸州、自贡和内江4市,设计灌溉面积 198.57 万亩,多年平均供水量 8.47 亿 m^3,其中农业灌溉及农村供水 5.21 亿 m^3,城镇生活及工业供水 3.26 亿 m^3。

四川省向家坝灌区北总干渠一期一步工程先期实施。一期一步工程主要涉及宜宾、自贡、内江 3 市 7 县(区)。设计灌溉面积 51.27 万亩,多年平均供水量 3.74 亿 m^3。总干渠长 39.54 km,分干渠长 38.25 km,供水管线长 38.24 km,支渠总长 25.81 km。工程总工期 54 个月,总投资 67 亿元。

作为项目法人的四川省向家坝灌区建设开发有限责任公司是经四川省政府批准,由宜宾、自贡、内江和泸州 4 市所属国企共同出资成立的国有企业。公司现有员工 92 名,其中高级工程师 8 名,工程师 25 名,高级会计师 1 名,会计师 3 名,经济师 2 名。

公司内设管理职能机构及其职责如下:

(1) 党群人力部(与工会办公室合署)。该部负责公司党的思想建设、组织建设、作风建设、制度建设等工作;负责督查党委决议、决定的执行落实情况;负责公司党的有关会议组织实施、党内文件办理、企业文化建设、精神文明建设、意识形态和宣传工作,抓好工青妇团等群团组织工作、开展双拥工作;协助党委抓好党员、干部教育管理和监督工作,负责公司人力资源规划、人事档案管理、人才储备、员工招聘与配置、绩效管理、薪酬管理、培训等工作;牵头农民工工资发放情况的监督检查;负责与本部门职责相关的其他工作,完成领导交办的其他工作。

(2) 综合管理部(与董事会办公室合署)。该部负责公司制度流程建设、行政事务、文秘事务、公文办理、会务保障、办公自动化、档案管理、物资采购、后勤管理、机要保密工作、信访举报处理、乡村振兴、爱国卫生运动等工作;负责公司董事会、总经理办公会日常工作;负责与本部门职责有关的其他工作,完成领导交办的其他工作。

(3) 财务资产部。该部负责预(决)算管理、会计核算、财务分析、资金管理、税务筹划管理等方面的工作;负责融资管理和资产账务管理;负责工程结算财务管理;负责与本部门职责相关的其他工作,完成领导交办的其他工作。

(4) 审计法务部。该部负责公司合同管理、法律事务工作;负责公司合同执行、合同价格变更、合法性审查等工作;负责公司内部审计工作,对公司财务收支、财务预算、财务决算、资产质量、经营绩效,以及建设项目及其有关经济活动的真实性、合法性和效益性进行监督和评价;牵头配合外部审计工作;负责监事会日常工作;负责公司聘请第三方服务机构(法律、审计)的管理和考核工作;负责与本部门职责相关的其他工作,完成领导交办的其他工作。

(5) 投资发展部。该部负责公司战略管理、投资管理、项目前期、计划管理、项目后评价、招商引资、公司对外投资和运营管理工作；负责与本部门职责相关的其他工作，完成领导交办的其他工作。

（6）质量安全部。该部负责建立健全公司质量、安全管理体系，负责工程质量、安全生产综合监督管理，指导公司现场管理机构开展工程质量、安全管理工作，监督检查参建单位的工程质量和安全生产管理工作；负责与本部门职责相关的其他工作，完成领导交办的其他工作。

（7）移民环保部。该部负责公司征地移民、环境保护、水土保持的组织协调和监督管理工作；负责与本部门职责相关的其他工作，完成领导交办的其他工作。

（8）纪检监察部。该部负责研究制定公司党风廉政建设和反腐败工作的规章制度及实施办法等，牵头推进公司预防和惩治腐败体系建设；监督检查公司内部贯彻执行党的路线、方针、政策、决议和国家政策、法律法规以及公司发展战略、重大决策部署、"三重一大"事项决策等情况，抓好公司党风廉政建设责任制的落实；负责对工程项目建设管理行为实施过程监督，组织开展专项督查，规范公司经营行为，提高公司管理效能；负责受理公司有关违反党的纪律、国家法律、法规、政策行为的信访、检举、控告和申诉，依纪依法开展纪律审查，并对公司作风和行风建设及有关信访、投诉情况进行督察；具体经办公司政治监督、日常监督、风险防控、廉洁宣传教育、廉政档案建立、文件起草、会议召开、报表和信息报送、纪检文书档案管理等工作；负责与本部门职责相关的其他工作，完成领导交办的其他工作。

（9）建设管理部。该部负责公司工程技术、工程建设进度控制、投资控制（量）、工程管理、工程信息化建设、机电设备（工程物资）管理、工程和设计变更管理、工程档案资料管理、项目验收、生产准备和招投标管理工作；负责与本部门职责相关的其他工作，完成领导交办的其他工作。

公司还下设3个现场管理机构，管理职责如下：

负责所在项目现场的计价计量、进度控制、质量控制、安全管理、合同执行、信息管理、技术管理、征地移民；负责落实环保相关措施、农民工工资支付监管和协调工作；负责与本部门职责相关的其他工作，完成领导交办的其他工作。

【案例5-4】 南水北调东线江苏水源有限责任公司职能部门主要职责

南水北调东线（江苏段）工程输水干线总长404 km，建设9个梯级泵站，扬程40 m左右。建设项目法人为南水北调东线江苏水源有限责任公司，其构建了"二级"管理的组织结构，如图2-3所示。公司各职能部门职责如下：

（1）综合部。该部负责组织协调、拟定公司内部规章制度和管理办法，承担公司重要事项的督办查办工作；负责会议组织、文秘管理、机要档案、信息宣传等工作;负责公司机构组建、人事管理、劳动工资、教育培训等工作;负责公司精神文明工作;负责公司后勤保障等日常事务工作。

(2) 计划发展部。该部负责研究制定公司发展规划;负责编制工程总体实施方案及年度建设计划和投资计划;负责单项工程初步设计的组织和报批;负责工程项目建设评价和工程建设投资统计工作;负责建设中科研立项和管理工作。

(3) 工程建设部。该部负责组建现场建设管理单位,组织完成建设工程目标;负责工程建设的招标管理工作;负责工程建设质量、进度、投资控制工作;负责组织协调工程建设中的技术工作;负责工程建设安全生产和文明工地管理工作;负责组织单项工程验收工作;配合做好征地拆迁和移民安置工作等。

(4) 财务审计部。该部负责协调、落实和监督工程建设资金的筹集、管理和使用;负责拟定年度工程建设资金预算;负责工程建设资金支付工作;负责公司日常财务及管理工作;负责公司财务收支内部审计工作。

(5) 资产运行部。该部负责公司资产的保值增值,研究制定公司运营管理策略和运行机制;负责完建工程的接收、管理和维护工作;负责制定水量调配方案、供水计划和计量测定;负责工程成本核算和供水水价方案的研究。该部门在工程建设中后期才设立。

(6) 工程管理部。该部在工程建设期与工程建设部合署办公,并承担部分建成工程的管理任务。

江苏水源有限责任公司对大部分"设计单元工程"均组建工程建设现场管理机构(建管处或建管局),部分"设计单元工程"分设工程建设现场管理机构。大部分"设计单元工程"采用江苏水源有限责任公司直接管理方式,即由公司直接组建工程建设现场管理机构的直管方式;淮阴三站和皂河二站采用代建方式,淮安四站输水河道淮安境内工程、徐洪河影响处理工程、沿运闸洞漏水处理工程和血吸虫北移防治采用委托方式。

案例 5-1～案例 5-4 显示,四川省向家坝灌区建设开发有限责任公司和云南省滇中引水工程建设管理局所设管理职能机构数量较多,分别是 9 个和 10 个,而鄂北地区水资源配置工程建设与管理局建设管理内设机构仅为 3 个,南水北调东线江苏水源有限责任公司主要建设阶段职能部门 4 个,建设中后期才发展到 6 个管理职能部门。显然,各公司管理职能部门设置存在着较大差异,难以判定谁更合理,这可能与工程特点、建设条件和项目法人的属性等方面有一定的联系。

5.2 项目法人方项目管理组织设计研究

5.2.1 项目法人方管理组织结构常见形式与选择

5.2.1.1 项目法人方管理组织结构常见形式

根据管理组织理论和工程项目管理实践，人们总结出了一些大型工程项目法人单位的组织结构形式，出现了下列经典组织结构[4]：

(1) 线性式组织结构。线性式组织结构其本质是管理指令线性化，如图 5-1 所示。

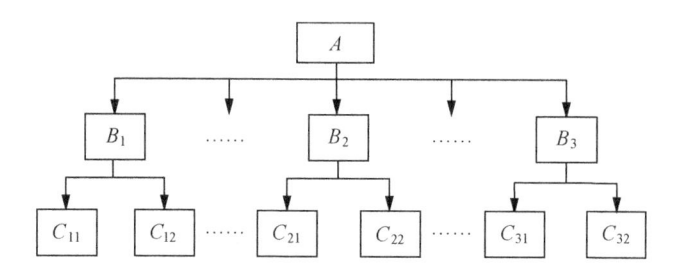

图 5-1 线性式组织结构示意图

图 5-1 中，A 是项目法人单位负责人，B 为第一级工作部门，C 为第二级工作部门。每一个工作部门，每一个工作人员都只有一个上级。为了加快命令传递的过程，线性式组织系统就要求组织结构的层次不要过多，否则会妨碍信息的有效沟通。因此，有必要减少组织结构层次。

线性式组织结构具有结构简单、职责分明、指挥灵活、确保工作指令唯一性等优点；缺点是项目经理责任重大，往往要求其是全能式的人物。同时，理论和实践均表明，在线性式组织结构中，一般不宜设副职，或少设副职，这有利于线性系统有效运行。线性式组织结构一般适用于简单、规模较小的工程项目。

(2) 职能式组织结构。职能式组织结构如图 5-2 所示。其中，A 是项目法人单位高级管理层(如正副总经理)；B 为项目经理下属的职能管理部门，如财务部、工程计划合同部等；C 为某子项目的管理部门，如大型水电站厂房工程管理部门、大坝工程管理部门等。

职能式组织结构的特点是强调管理职能的专业化，即将管理职能授权给不同的专门部门去管理，这有利于发挥专业人才的作用，这也是管理专业化分工的结果。然而，职能式组织结构存在着命令系统多元化的情况，各个职能部门管理界限有时也难以清晰，若发生矛盾，则管理协调工作量较大。职能式组织结构一

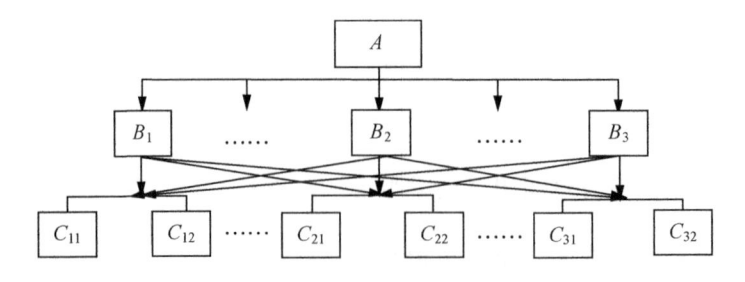

图 5-2 职能式组织结构示意图

一般适用于工程规模较大,且较为复杂的工程项目。

(3) 矩阵式组织结构。矩阵式组织结构如图 5-3 所示。其中,A 是项目法人单位高级管理层(如正副总经理);B 是按管理职能划分的部门,C 是按子项工程(分类项目或任务)划分的项目管理部门或工作小组。

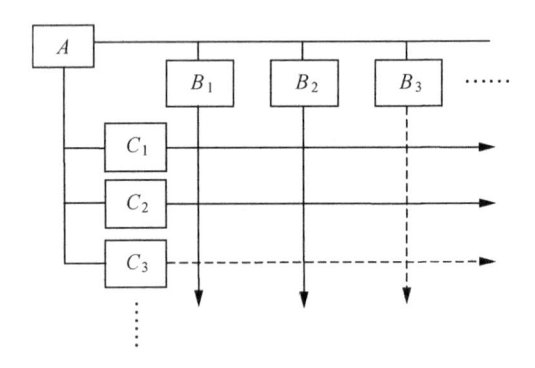

图 5-3 矩阵式组织结构示意图

矩阵式组织结构的优势为能够充分发挥组织中人力资源的作用,以尽可能少的人力实现多项任务(或多个子项目)的高效管理,反映了项目组织结构设计的弹性原则;其缺陷为对每一项纵向(职能管理部门)和横向(子项目管理)交会的工作而言,指令来自于纵向和横向 2 个管理部门,即指令源有 2 个,它们存在冲突的可能性。此时,有必要由最高管理者,即图 5-3 中的 A 进行协调或决策。为避免纵向和横向工作部门指令矛盾的影响,当然可以设计以纵向职能管理部门指令为主,或横向子项目管理部门指令为主的制度,并建立良好的沟通机制,以提升管理效率。

在职能部门和子项目管理部门间,以职能部门管理为主导的矩阵式组织结构,与职能式组织结构类似,被称为强矩阵组织结构;而以子项目管理部门为主导的矩阵式组织结构被称为弱矩阵组织结构。矩阵式组织结构通常被用于建设单位对重大工程项目实施的管理。

5.2.1.2 项目法人方管理组织结构形式选择的影响因素

建设单位在几种经典工程项目管理组织结构中如何选择,通常需要考虑下列因素:

(1) 工程项目经济属性和建设环境。这里主要考虑是事业型还是企业型项目法人;属经济发达地区还是欠发达地区。

(2) 工程项目规模、结构特点。这里主要考虑建设工期长短;工程属集中布置,还是线状或面状分布。

(3) 工程项目交易组织方式。这里主要考虑采用设计施工总承包方式,还是设计施工相分离的发包方式。

(4) 项目法人单位工程项目管理能力。这里主要考虑是临时组建的项目法人,还是常设型项目法人。

(5) 信息技术应用的影响。信息技术的发展和管理信息平台的构建为管理信息高效传递、共享创造了条件,对项目管理组织结构设计也产生重大影响。

5.2.2 大型水资源配置工程项目管理特点与组织分层设置

5.2.2.1 大型水资源配置工程建设管理特点

(1) 对整个工程而言,工程呈线状分布,且具不确定性、规模大,这就不能采用整体承发包方式组织工程实施,即需按行政区划或空间分布分别将工程发包。

(2) 工程规模大、单体建筑物不大,但数量多,仅当每个建筑物完成后,工程才能交付使用。因此,建设管理讲究统一计划、统一调度,即强调项目法人集中管理的优势。

(3) 工程建设过程,并不是每个子项目同时开始,但希望每个子项差不多同时完成。因此,先开工建设项目的管理实践可供后开工项目借鉴。

(4) 与制造业企业相比,项目法人的项目管理本质是组织间的交易管理,管理职能部门联系十分密切。如工程质量、安全管理与合同管理相关,均又与费用支付管理相关。

(5) 项目法人单位职能部门的管理既有专业分工,也十分讲究合作。如工程变更一般先是技术问题,但后面紧接着必然是工程价格问题,而工程价格又与工程合同的约定相关。因此,职能部门有分工,但不独立,而存在一定程度的相互依赖。

5.2.2.2 大型水资源配置工程建设管理机构分层设置必要性分析

大型水资源配置工程建设沿线分布数十千米到数百千米,为缩短建设工期,经常是全线铺开施工,将其分成几个至几十个施工标段,而项目法人只能选定在其中一个点工作。考虑到项目法人的管理本质是工程交易管理,并以施工标段为单位,若与枢纽工程一样由项目法人设置的职能部门统管多个标段,必定会引起许多管理人员将大部分时间消耗在不同标段的行走之中,使项目法人的管理效能下降,或管理人员和管理成本增加。为此,有必要将项目管理组织分层。表面上,管理链条增长了,但节约管理人员在不同标段行走的时间成本,管理效率总体提高了。因而,对大型水资源配置工程建设,管理组织完全有必要分层。具体可内设管理职能部门和下设现场管理机构。

5.2.2.3 大型水资源配置工程建设管理机构分层设置原则

(1) 工程交易规划和招标统一组织的原则。工程交易规划,包括标段/合同的划分,以及交易方式和合同计价方式等的选择,是项系统工程,有必要由项目法人职能部门完成;工程交易规划后的招标安排也应由项目法人职能部门负责。这有利于促进工程项目交易的系统性,并不断积累经验和弥补不足。

(2) 以施工标段/合同为基本管理单元的原则。每个施工标段/合同均有十分明确的目标,以其为单位展开目标管理。这一目标管理的任务主要由下设现场管理机构承担。

(3) 项目整体协调原则。由于项目(包括各子项目)的不确定性,当部分标段/合同可能出现调整,而这种不确定性较大时,可能会影响全局(整个项目)。当这种情况发生时,项目法人职能管理部门有必要依据项目整体性进行协调、优化,并做出决策,最后由项目法人下达指令,由现场管理机构实施。

(4) 管理职能部门与现场管理机构职责分明的原则。管理职能部门负责工程交易、工程招标、工程变更、工程协调等项目整体目标的控制,并对现场管理机构进行业务指导、行为监督;现场管理机构负责所辖项目合同或工程变更指令,对合同项目目标实行控制。

(5) 管理职能部门与现场管理机构集权与分权相统一的原则。该原则主要体现在项目实施中工程变更或工程计量批准的授权。较小的工程变更,若用变更工程造价衡量,如不超过 5 万元,由现场管理机构可以决策;而对超过这一标准的工程变更,则以管理职能部门甚至项目法人单位领导审批为准。对于超工程量清单部分工程的计量也可采用这一方法。主体体现适当放权,以降低工程管理成本,并保证工程正常实施。

5.2.3 内设管理职能部门划分

5.2.3.1 项目法人单位监管对象分析

(1) 监管对象为项目目标的项目法人管理,本质上是监管工程项目实施中要达到的目标,包括以下两方面:

①工程产品的目标为质量、进度和投资/造价。

②工程实施过程目标为安全、环境,以及建设条件,如征地拆迁等目标。

(2) 质量、进度和投资/造价的关系。工程产品质量、进度和投资/造价目标内在有一定联系,特别是在承发包环境下,许多工程质量问题是承包方为了降低工程成本/造价而导致;许多工程进度问题是承包方不愿多投入资源,即资源配备不足造成,归根到底还是成本问题。许多工程承包方由于工程质量问题,提出工程变更,其动机可能是希望通过工程变更重新确定工程价格,从中获得额外收益。

(3) 工程实施过程目标与产品目标之间的关系。监管工程实施过程目标的目的有两方面:一是保证工程产品目标的实现;二是保证社会稳定。工程实施过程目标出现问题,对产品目标实现必有重要影响。如出现安全问题,轻者暂停作业处理安全问题,重者出现等级安全事故时要停工整顿,经济、建设工期均会受到严重影响。如重庆金佛山水利枢纽工程(主要任务是农业灌溉、城镇居民及工矿企业供水),在高边坡施工时发生了人身伤亡事故,事故属较大等级,工程停工整顿,严重影响了建设工期和工程造价目标。环境目标和征地移民等建设过程目标不实现,经常也会影响工程正常实施,并影响到工程建设工期和造价。

5.2.3.2 工程项目目标管理特点分析

(1) 工程质量、安全监管与工程技术和工程实践联系密切。工程产品的形成虽有设计图纸,但如何保证其质量,不仅是简单的按图施工,还存在施工工艺、方法,以及所采用的材料和质量保证体系等能否确保工程质量的问题,这就要求监管者要熟悉工程技术,并具有工程实践经验,在审查施工组织设计的基础上,在施工现场对工程实施过程进行监管。工程施工安全与工程产品质量不存在直接关系,但会影响到工程产品的正常交付和工程造价,严重安全事故会影响到社会稳定。与工程质量监管类似,施工安全监管与工程技术相联系,对不安全行为、安全措施不到位的现象需要依靠工程技术能力去分析判断,且需要在施工现场对工程实施过程进行监管。

(2) 工程进度、造价监管与工程合同和工程质量、安全关系密切。首先是工程质量或安全问题均会影响到工程进度和造价,而这又与工程合同关系密切,合同约定不同,影响的程度就不一样。此外,工程某交易的进度安排,一般在工程总体进度计划的基础上有详细计划,并通过合同规定。

(3) 工程建设环境、征地拆迁均为公共管理问题。工程建设环境问题一般就能观察到,但对不可回避的建设环境问题需要动用政府力量进行协调。与此类似,征地拆迁也需要借助政府力量进行协调。

通过上述分析,可以提炼出大型水资源配置工程技术管理问题、工程合同管理问题、公共管理问题这样一些管理中的基础性问题,并抽象出它们与工程项目目标的关系图,如图 5-4 所示。

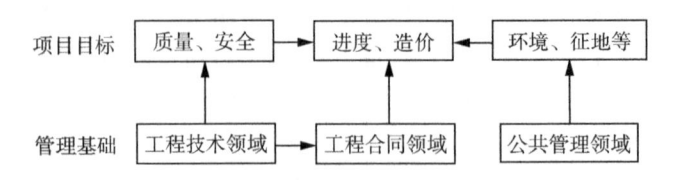

图 5-4 项目目标与管理基础领域的关系

图 5-4 中所示,一般工程技术问题发生在前,工程合同问题产生在后,而环境、征地拆迁等虽与之不直接相关,但它们是实现工程产品目标的保障。征地拆迁不落实不能施工,建设环境出问题同样也不允许施工,这些均关系工程建设进度/造价。当然,工程技术领域若存在问题,形式上体现在相关技术参数上,而背后可能是建设成本问题。

5.2.3.3 项目法人单位基本管理职能分析

图 5-4 表明,项目法人单位的基本管理职能分为以工程技术为基础的管理职能部门和围绕工程合同为中心的管理职能部门;以公共管理为对象的职能管理部门则决定于工程项目的特点。

大型水资源配置工程实施过程设计分为初步设计、招标设计和施工图设计。工程开工后,并不是每一子项工程的招标设计和施工图设计都全部完成,并投入施工,而存在部分子项目开始施工,另外部分子项目仍然在招标设计之中。此外,即使工程进入施工,由于不确定性的存在,工程设计可能出现变更。面对这些情景,工程前期就会将以工程技术为基础的管理问题分成以"工程技术+设计"和"工程技术+施工"两个管理职能部门;前者主要负责工程设计中的工程质量监管,后者主要负责工程施工过程的质量和安全监管。而工程建设的后期,工程设计任务基本完成,此时两个部门的管理职能又可整合。

因工程实施过程是一交易过程,并具有"边生产,边交易"的特点,一般是以月为单位进行交易支付。因此,一方面以工程合同为中心的管理职能部门职责有必要包括工程计划、工程招标等管理内容。另一方面,管理职能部门也有必要将其管理职能拓展到以工程支付为核心、专业性较强的专业管理部门,即财务管理部门。

这里要注意的是,大型水资源配置工程项目法人单位的管理是一项一次性活动,从项目准备到开工,从项目开工到竣工,随着时间的推进,管理活动的强度由小变大,中间达到高峰,并随着工程竣工时间的到来,管理活动的强度由大变小。与此同时,管理的重点也在变化。项目实施的前期,由于工程基础部分的不确定性,以及工程设计的深入,与工程设计相关的技术方面的管理任务较多;而随着工程基础部分的逐步完成和设计工作的结束,与工程技术方面相关的管理问题逐渐减少。因此,项目法人管理职能部门的设置一般需要在项目实施的中后期调整,以此与项目管理的需求相匹配。

5.2.3.4 项目前期内设职能管理部门划分设计

(1) 基本内设职能管理部门。根据上文分析,大型水资源配置工程项目法人单位基本内设管理职能部门如下:

①工程技术管理部,即"工程技术+设计"管理机构。该部主要负责监管工程技术性强的活动,包括工程设计管理、设计变更管理、施工图审核管理、工程设备采购管理、项目信息化建设与管理等。

②工程施工管理部,即"工程技术+施工"管理机构。该部主要负责监管工程施工现场活动,包括工程施工质量和安全监管、协调工程施工中的冲突、文明工地建设、施工应急预案编制、工程计量,以及工程验收工作,工程施工方、监理方考核工作。

③工程计划合同部。该部主要负责工程计划和交易工作,包括工程交易规划、招标和合同管理工作、工程总体实施方案及年度方案和相应融资计划,以及项目建设评价各资金使用统计分析工作。

④工程财务管理部。该部主要负责工程项目、公司日常财务管理工作,具体工作包括协调、落实和监督工程建设资金的筹集、管理和使用;拟定年度工程建设资金预算;负责工程建设资金支付工作;负责项目法人单位日常财务及管理工作。

(2) 内部管理服务与建设保障部门如下:

①综合管理部。该部总体负责工程项目法人单位运行的日常运行管理及保障工作;工程档案管理等。若工程规模大,综合管理部可拆分,如增加党群人事部(包括党建、人事薪酬等)、风险控制部(包括审计、纪检、法务等)。

②征地拆迁与环境部。该部在政府部门支持下,落实征地拆迁等工作,协调工程环境管理工作。当征地拆迁任务较轻时,该部门可并入综合管理部。

③风险控制部。大型工程项目不确定性较大,充满着风险,包括人的认知局限性和人性弱点而引起的交易风险、质量与安全风险,以及工程腐败风险等,有必要设置风险控制部加以预防、应对。该部具体管理职能包括工程质量安全风险防控、审计、法务,以及纪检监察。

④党群人事部。该部负责党的建设、党务活动;人力资源配置、薪酬和绩效管理、人事档案管理、培训等工作。

大中型水利工程建设环境十分复杂,不确定性大。对此,水利部在相关文件中要求[5],在整个项目上要构建工程质量、工程安全管理领导小组,统一领导和推动工程质量和安全管理工作。基于此,水利工程建设须成立由项目法人单位负责人牵头,各参建单位参与的非常设机构,即工程质量管理领导小组和安全生产与文明施工领导小组。两小组挂靠工程建设部,每季度分别召开协调会议,分析工程质量或安全生产与文明施工中面临的问题和经验,部署下阶段保证工程质量或安全生产的计划、重点和要求。

综合上述分析设计,形成如图5-5所示的项目法人单位管理组织结构。

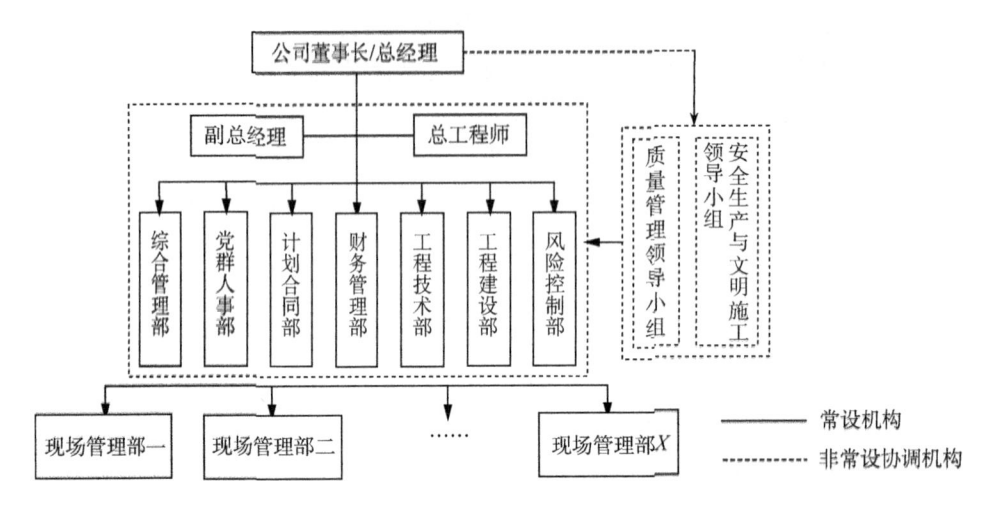

图5-5 项目法人单位管理组织结构

图5-5中所示,假设征地拆迁任务较轻,可将其管理工作纳入综合管理部;征地拆迁任务较重时再单独列出。

(3)项目法人单位及其各管理部门人员编制和要求。项目法人单位负责人3～4人,其中至少有1人具有工程技术类高级职称,并具有工程建设实践经历。

①综合管理部。该部配5～9人,其中至少有1人具有中级以上职称。

②党群人事部。该部配3～5人,其中至少有1人具有中级以上职称,大多为中共党员。

③工程技术管理部。该部配4～6人,其中至少有1人具有工程技术类高级职称,至少有1人为熟悉IT的技术人员。

④工程施工管理部。该部配5～8人,其中至少有2人具有工程技术类高级职称,并具有参与工程建设经历。

⑤工程计划合同部。该部配4～6人,其中至少有1人具有中级职称,并具有参与工程建设经历。

⑥工程财务管理部。该部配4～6人,其中至少有1人具有中级职称,并具有会计执业资格。

⑦风险控制部。该部配4~6人,其中至少有1人具有中级以上职称。

⑧征地管理部(若有)。该部配2~3人,其中至少有1人具有中级职称。当征地拆迁与环境部监管任务较少时,该部可并入综合管理部。

根据工程特点,项目法人单位总部人员应控制在40人左右(建设高峰期)。

5.2.3.5 项目中后期内设管理职能部门划分设计

工程建设进入中后期,建设任务在变,项目法人管理活动的重点也随之改变,并逐步转变到工程交付/运行管理。因此,项目管理职能部门有必要调整,以适应项目管理的新局面,并降低项目法人单位的管理成本。

(1) 项目中后期内设基本职能管理部门。围绕工程建设的目标,内设基本职能管理部门及其职能如下:

①工程建设管理部。该部将前期工程技术管理部的职能归并入内,主要负责工程质量安全管理。随着工程进入后期,工作重心逐渐以工程质量管理为主,逐步进入工程验收、工程缺陷责任期的管理。

②工程合同财务部。该部将前期工程计划合同部与工程财务管理部财务职能相整合,逐步进入合同收尾管理、工程子项合同财务结算管理等。

(2) 项目中后期内设管理服务、建设保障与投产准备部门及其职能如下:

①综合管理部。该部管理职能与前期相比基本不变,但工作量会逐渐减少,但工程档案管理工作量会增加,主要是随着各子工程的逐步完成,工程资料的归档工作量会逐步增加。

②党群人事部。该部管理职能与项目前期类似。

③风险控制部。该部管理职能与项目前期稍有不同,这时应将工程建设过程风险管控逐步转移到工程运维风险管控上来。

④征地拆迁管理部(若有)。该部根据工程特点决定,当征地拆迁中包括移民安置时,相关管理事项可能没有结束,需要继续保留这一部门;若仅是征地拆迁或包括少量移民,且安置任务基本完成,则可不设该部,少量管理任务归并综合管理部。

⑤投产准备/运维准备部。该部为项目从工程建设转为运行做好准备工作。

5.2.4 下设现场管理机构安排

下设现场管理机构(或称现场管理部)设计是大型水资源配置工程沿线分布(长度数十千米甚至数百千米)工程建设全线展开的客观要求。

5.2.4.1 下设现场管理机构管理职能划分

现场管理机构是项目法人的下设分支机构,一般不具备法人地位,即不能单独进行工程交易,因而现场管理机构的职能决定于项目法人的职责分工或分权。

(1) 职责分工或分权的基本原则。项目法人给予现场管理机构职责分工或分权的基本原则如下：

①有利于项目目标的实现。大型水资源配置工程是一个整体，工程实施进度计划、质量要求等均有必要进行系统设计或调度，而不允许各自为政，即在这一方面强调集权，而不是分权。

②有利于保证工程质量安全。"百年大计，质量第一"，质量是工程的生命；工程施工过程中的安全与人民利益密切相关，并关系到社会稳定。因而，项目法人必须充分赋予现场管理机构质量与安全方面的监管职责/权力。

③有利于调动项目范围内相关方的积极性。大型水资源配置工程沿线分布，建设过程与工程所在地群众利益关系密切，有必要充分发挥工程所在地政府的作用，如委托当地政府水行政主管部门组建现场管理机构，并有条件充分授权。

④有利于降低工程项目管理成本/建设管理费。现场管理机构在项目法人充分授权的基础上，现场管理机构利用现代信息技术，构造信息平台传递数据、信息，提升管理效率，降低管理成本，同时，现场管理机构应加强对授权的监督。

(2) 分权的主要对象。项目法人应将下列权力分配给现场管理机构：

①工程施工质量安全监管职责/权。除工程开工和施工组织设计审查、分部工程和单位工程质量评定，以及合同工程验收需由项目法人派员参与外，日常施工质量安全监管由现场管理机构全权负责。

②工程变更审定权。单次工程变更后的标的不超过一定值，如5万元，或工程变更值总和不超过一定值，如20万元，现场管理机构有权审定/决策。

③工程计量和支付审定权。工程计量不超过合同预计一定值，如5%，现场管理机构有直接审定权；工程单价不超过合同预算价的一定值，如10%，现场管理机构有直接审定权。

5.2.4.2 下设现场管理机构管理科室/岗位设置

(1) 现场管理机构管理科室/岗位。根据上述分析，现场管理机构可设如下3个管理科室/岗位：

①工程建设管理科。该科负责工程质量、安全监管，以及施工图审核、工程协调等管理工作。具体监管工作内容与总部的工程技术部、工程建设管理部对接。

②工程合同财务科。该科负责工程计量、小规模工程变更，以及工程合同支付预会签、财务管理等。具体监管工作内容在项目前期与总部工程计划合同部、财务管理部对接；在项目中后期与总部工程合同财务部对接。

③综合管理科。该科具体监管工作内容与总部综合管理部、征地拆迁与环境部或征地拆迁部管理对接。

(2) 现场管理机构职能部门人员编制和要求。每个现场管理机构负责人1~2人,其中至少1人具有高级技术职称。

①工程建设管理科或岗位。该科或岗位配3~4人,质量、安全需配专职管理人员,并具有工程技术类工程师以上技术职称。

②工程合同管理科或岗位。该科或岗位配1~2人,其中1人具有中级以上技术职称。

③综合管理科或岗位。该科或岗位配1~3人,其中1人具有中级以上技术职称。

根据工程区段划分特点,各现场管理机构人员编制应控制在6~9人(建设高峰期),具体人员编制决定于现场管理机构所辖工程规模、复杂程度等方面。

5.2.4.3 下设现场管理机构组织方式

根据南水北调东线(江苏段)工程和湖南省涔天河水库扩建灌区工程的实践[6,7],大型水资源配置工程下设现场管理机构典型的组织方式有以下三种:

(1) 直接管理方式。它指项目法人单位直接进行大型水资源配置工程某区段工程的建设管理。其具有管理层次少、合同关系明确、利于协调、管理全面和中间环节少的优点,但也存在不足之处,主要表现为项目法人在项目管理事务中花费精力较多,管理和专业力量有限时难以对项目进行全面控制,同时也会造成项目法人单位机构相对臃肿,存在后期人员安置问题。

(2) "代建"管理方式。它指项目法人通过招标方式选择具有类似工程建设管理能力的单位,承担建设工程中若干区段的建设管理工作,这既有利于专业技术问题的解决,提升建设管理的水平,也有利于精简项目法人单位管理机构。但这其中多了一层委托代理关系,项目法人面临的道德风险可能会变大。

(3) 委托管理方式。它指项目法人单位将部分工程委托交给地方政府部门及其行业主管部门去组织建设。这有利于协调建设条件,调动工程所在地政府的积极性,但地方政府组织的建设管理机构能否满足专业化管理的要求是个问题。

对"代建"管理方式和委托管理方式,现场代建机构一般均与项目法人签订管理类合同,而直接管理方式却没有。事实上,这类代理机构在现场独立开展管理活动,项目法人有必要与其签订项目/工程现场管理责任状,以明确职责,并将其作为考核激励的依据。

大型水资源配置工程有必要在工程招标规划的基础上,针对各标段的特点,在上述几种典型现场管理机构组织方式中做出合理的选择。在选择过程中,要充分考虑到项目管理人员的知识结构和运行管理人员的知识结构是存在较大差异的。因此,工程建设期要控制直接管理方式,减少项目法人建设期的人员编制，而尽可能采用"代建"管理方式和委托管理方式。此外，项目法人要将有经验的项目管理人员，特别是有经验的质量安全工程师派驻现场管理机构，而不是主要依靠年轻人在工程一线。

5.2.5　项目管理信息平台建设

大型水资源配置工程沿线分布广，标段/合同多，合理构建以项目法人为中心，包括工程设计、施工、监理、物料供应参与的信息平台，让工程信息、管理信息通过平台流转、展示，提升项目管理效率，是促进项目管理现代化的有效路径。珠江三角洲水资源配置工程正在探索项目管理信息平台建设工作，并取得良好效果，详细内容将在第6章介绍。

5.3　环北部湾广东水资源配置工程管理组织结构设计

5.3.1　工程概况与项目管理组织

（1）工程概况。环北部湾广东水资源配置工程概况如第4章第4.5.1节，主要特点有输水线路长，其中，输水干线长 201.9 km，分干线总长约 292.8 km（包括云浮分干线长 25.3 km，茂名阳江分干线长 94.4 km，湛江分干线长 173.1 km)[8]。

（2）项目管理组织主要问题：

①项目法人总部位置问题。该位置设置需要考虑与工程的相对位置、总部所在地的交通便捷程度、工程运维管理、工程主要受水区位置等方面。在综合考虑这些因素后，项目法人总部设在湛江市。

②项目管理分层。根据项目的临时性、一次性特点，以及各子项目差异大、实施（开工→完工）时段并不统一等特点，项目采用扁平化组织结构，即在项目法人总部下，以工程标段/合同为单位，直接设置工程现场管理机构；每个现场管理机构管辖 2~4 个标段/合同，具体设置数根据标段/合同工程的空间位置而定。在目前项目管理信息平台的支持下，这种扁平化组织结构是完全可行的，项目管理效能能够保证，而且可大大提升管理效率。

5.3.2　环北部湾广东水资源配置工程项目法人管理职能部门设置

环北部湾广东水资源配置工程是项一次性任务，相应的管理职能部门也是个临时性组织，作为这个临时性组织的主导者项目法人，其自身的监管任务也在不断变化。考虑到管理的规范性与动态性的统一，以及环北部湾广东水资源配置工程建设工期为8年的实际,项目法人管理职能的设立分为主要建设期和建设中后期2个阶段。

(1)主要建设期(工程正式开工后前6年,管理职能部门设立)。项目主体工程的开工,标志着项目进入正式建设阶段。此时,项目实施范围逐步扩大,项目管理的工作量也在不断增加,一些不确定现象会随之出现,工程建设强度逐步到达高峰。此阶段项目法人管理职能部门可参考图5-5所示设立,并逐步配齐各部门的管理人员,完善相关管理制度。

(2)建设中后期(工程建设期后两年,管理职能部门设立)。环北部湾广东水资源配置工程建设期的后两年,其高强度的建设时期已经过去,工程地质等方面的不确定现象基本暴露,工程的关键技术问题也已经完成了论证,工程建设逐步进入收尾阶段。显然。项目管理的重心在转变,有必要对管理职能部门设立进行逐步调整,既可合并原相关职能部门,也有必要根据工程交付准备等工作的需要,新增管理职能部门。工程建设期后两年管理职能部门包括:

①综合部。该部与主要建设期的管理职能类似。

②党群人事部。该部管理职能与项目前期类似。

③合同财务部。该部是将原计划合同部、财务管理部职能合并,为工程收尾管理做准备。

④工程建设部。该部是在原管理职能的基础上,将工程技术部的职能合并。

⑤风险控制部。该部是在原管理职能的基础上,将建设风险控制逐步转移到运维风险控制上来。

⑥工程运维部。该部管理工程投产准备工作,为工程运维管理做准备,包括技术准备、管理准备和人才培训等方面的准备。

5.3.3 环北部湾广东水资源配置工程现场管理机构设置

根据环北部湾广东水资源配置工程项目顶层设计方案,项目法人设置了现场管理机构,其组建应分成两个层面。

(1)输水干线现场管理机构设置。输水干线长201.9 km,包括2个泵站和25个施工标段(详细还需进一步论证)。根据这一情况,项目法人设8~10个现场管理机构/部,即输水工程约每20 km设置1个现场管理机构,每个现场管理机构管理2~4个施工标段。每个现场管理机构设置包括机构负责人,以及综合、质量、安全、合同(前端)在内的管理岗,配备6~9人,其中4~6人具有建设管理经验和具有工程师以上技术职称。与珠江三角洲水资源配置工程相比,该工程需要强调的是将质量安全管理的重心下移,现场管理机构设置要配有工程管理经验的项目管理工程师。

（2）输水分干线现场管理机构设置。该层次现场管理机构数量设置决定于两方面因素：一是施工标段的划分，二是输水工程的长度。现场管理机构的基本单元是施工标段/合同工程。现场管理机构数量及人员配置可参考输水干线现场管理机构组织/岗位设置和相关人员配置的设计。但也应注意到，输水分干线输水流量较小，工程结构尺寸也较小，相对简单。由于输水分干线实施对工程周边影响较大，如湛江分干线大部分是采用明挖埋管的方法，对工程周边影响较广，包括征地、交通等。对这种情况，可采用委托地方政府组织"代建"，甚至让地方政府"管理承包"，即将工程包给地方政府组织实施（概算包干），项目法人仅参与工程验收。这在南水北调东线（江苏段）工程、江西省峡江水利枢纽工程项目均有一定的实践基础。

因环北部湾广东水资源配置工程还处在可行性研究阶段，详细的现场管理机构数量、人员配置等设计有待可行性研究报告获批后，与工程初步设计（技术）、工程发包组织设计同步进行。

5.4　本章小结

（1）传统管理组织理论起源于制造企业，生产组织是其中需要考量的重要因素之一。工程项目法人（建设单位）的组织主要为满足工程交易的需要，提升交易效率，降低交易成本，并实现项目目标，这是需要特别关注的。

（2）大型水资源配置工程项目的特点是沿线分布广，单体工程规模并不特别大，但连接在一起的规模就会较大，特别其长度经常是数十千米甚至数百千米。为提升项目管理效率，对大型水资源配置工程，项目法人一般在设置管理职能机构的基础上，还需下设现场管理机构。现场管理机构管理的基本单位是施工标段/合同工程。现场管理机构的数量决定于管理工程的长度和施工标段的数量。现场管理机构远离项目法人总部，进行较为独立的项目管理工作，有必要用"项目/工程管理责任状"的形式明确责任，并作为考核激励的依据。

（3）大型水资源配置工程设置现场管理机构后，自然形成了2级管理体系。要将工程质量、安全管理的重心下移，并配备有经验的工程师在一线开展监管。要充分利用现代信息技术，构建项目管理平台，将施工现场管理、项目法人的管理形成一个整体，以提升管理效率和项目目标控制水平。

（4）在大型水资源配置工程建设管理中，空间距离是一大障碍，有必要充分利用现代信息技术，构建统一的项目信息管理平台，将工程设计、施工、监理、项目法人等信息进行整合，以提升项目管理效率。在这一方面，珠江三角洲水资源配置工程进行了一定探索供借鉴，但还有待进一步提升。

参考文献

[1] 刘菲. 工程项目组织与管理[M]. 北京：机械工业出版社，2020.

[2] 周三多. 管理学：原理与方法[M]. 7版. 上海：复旦大学出版社，2018.

[3] 水利部. 水利工程建设项目法人管理指导意见（水建设〔2020〕258号）[S]. 北京：水利部. 2020.

[4] 王卓甫，丁继勇，高辉. 工程项目管理[M]. 2版. 南京：河海大学出版社，2015.

[5] 水利部. 水利工程建设质量与安全生产监督检查办法（试行）（水监督〔2019〕139号）[S]. 北京：水利部. 2020.

[6] 潘宣何，许志宏. 湖南省涔天河水库扩建工程灌区建设管理模式与组织结构分析[C]// 中国水利学会2016学术年会论文集，成都. 2016：639-641.

[7] 王卓甫，等. 南水北调东线江苏段工程建设与管理[R]. 南京：河海大学，2016.

[8] 广东省人民政府. 关于禁止在环北部湾广东水资源配置工程占地范围新增建设项目和迁入人口的通告（粤府函〔2021〕29号）[S]. 广州：广东省人民政府公报，2021(5)：14-16.

第6章 大型水资源配置工程建设智慧化管理体系设计研究

6.1 总体体系结构设计

6.1.1 主要挑战

大型水资源配置工程的智慧化管理面临下述重要挑战：

（1）如何实现多源、异构、巨量数据的实时汇聚和融合。由于大型水资源配置工程建设是一个复杂的系统工程，期间涉及来自不同地域、不同机构、不同实体的海量信息，其中包括安全监测信息、质量检测信息、施工现场信息、工程进度信息、资金信息、环境信息、工程模型信息等。信息是管理的根本。如何对这些来源、形态各异的巨量数据进行实时存储、管理和融合，以支持高效、灵活的运用，是大型水资源配置工程建设所需要解决的重要挑战。

（2）如何实现多层面、多尺度、全方位立体感知工程建设情况，进而全面提升指挥调度效率。高质量、有序安全地建设大型水资源配置工程，需要对工程建设情况实施全方位立体感知，全面把握与建设息息相关的质量态势、安全态势、进度态势和资金态势。

（3）如何充分最大化实现数据效用，进行数据驱动的智能分析与决策。随着项目的推进，各种来源的数据将累计达到空前规模，如何充分利用积累的历史数据优势，挖掘关联模式，对实时信息进行分析、预警和辅助决策，是亟待解决的难题。

6.1.2 总体体系结构

大型水资源配置工程建设智慧化管理体系总体结构如图6-1所示，其设计

第 6 章　大型水资源配置工程建设智慧化管理体系设计研究

图 6-1　智慧化管理体系总体结构

包含以下 4 个层面：

（1）工程建设数据集成。在整个大型水资源配置工程的实施过程中，所涉及的数据分为施工现场数据和项目管理数据两类。其中施工现场数据包括施工关键设备数据（如盾构机、塔吊等监控数据）、施工人员监控数据（如单兵系统的视频通信数据、智能安全帽感知的位置数据、视频监控平台感知的施工人员行为数据等）、环境监控数据（如扬尘监控、噪音监控）等。而项目管理数据则包括在项目实施过程中的人员信息、安全管理信息、进度管理信息、质量管理信息、投资管理信息以及各类项目文档。数据类型具有结构化和非结构化混合、多种模态并存、时空相关等显著特点。

（2）工程建设立体感知。借用 BIM＋GIS 技术，多尺度、多视角、直观呈现工程建设实时情况。宏观层面上，全面把握与建设息息相关的质量态势、安全态势、进度态势和资金态势；微观层面上，直观展示施工现场设备状况、施工人员状况、现场环境等要素。

（3）工程建设数据智能分析。针对从不同来源采集到的不同模态的数据样本，通过数据清洗、数据对齐来构建数据仓库；通过关联分析、时空数据预测、多尺度异常检测等手段，实时发现项目实施过程中各类风险；通过三维数据可视化的手段，支持快速直观的智能决策。

（4）工程建设智慧化管理体系应用。通过制定统一的应用服务接口，实施跨平台多终端融合展示（包括移动终端、PC 终端、展示大屏等），全方位、实时展现项目推进的细节以及智能分析的结果,面向大型水资源配置工程建设管理需求,实现BIM+GIS技术展示、项目管理、智慧工地管理、征地移民管理、安全监测、质量检测、水保监测、环保监测等核心功能。

6.2 工程建设数据集成

6.2.1 工程建设数据规划

大型水资源配置工程项目智慧化管理平台所涉及的数据主要包括:工程项目管理数据、安全监测数据、质量检测数据、征地移民数据、施工监管数据、环境保护数据、水土保持数据、GIS数据、BIM数据等。

在构建工程建设智慧化管理系统的过程中,须基于大型水资源配置工程建设业务需求,汇聚各业务应用数据,经过统一工程对象体系、统一工程基础数据模型、拓展工程主题数据模型、沉淀工程分析挖掘服务产品,打通业务间的数据壁垒,深度萃取数据价值,构建由基础库、监测数据库、业务共享数据库、多媒体数据库、GIS数据库以及BIM数据库,组成全面的数据资源体系,为工程各参建单位及应用系统提供基础的数据服务。

数据资源体系构建包括如下主要流程操作方法:

(1) 数据汇集。汇集工程项目管理系统、智慧监管系统、安全监测信息系统、质量检测系统、征地移民系统、水土保持监测系统、环境监测系统、工程档案管理系统以及数字门户等多个业务系统数据资源,形成数据汇集库,作为数据统一治理的基础。

(2) 数据治理。在全域数据采集的基础上,对数据的标准、质量、生命周期、安全隐私、元数据以及共享等进行全方位管理。建立统一工程对象体系、统一编码规则,构建统一服务共享体系,完成包括江河湖泊、地质地形、建筑物、监测站(点)、设备和其他管理对象六大类工程数据对象体系的建立,提供各业务共享。

(3) 数据资源模型构建。设计建立统一基础、监测、业务、多媒体、GIS及BIM数据模型,以统一工程对象为基础,抽取基础核心、通用共享的主要对象属性,建立统一数据模型,为各个业务系统打造基础信息库、监测信息库、业务共享库、多媒体库、GIS数据库及BIM数据库,供给各个业务共享。

(4) 业务主题拓展。根据业务需求,拓展建立业务主题数据模型,在数据资源池基础上构建相关成熟稳定的各业务领域的主题数据模型。图6-2所示为以智慧监管业务为例,展示所构建的和智慧监管业务相关的主题数据模型。

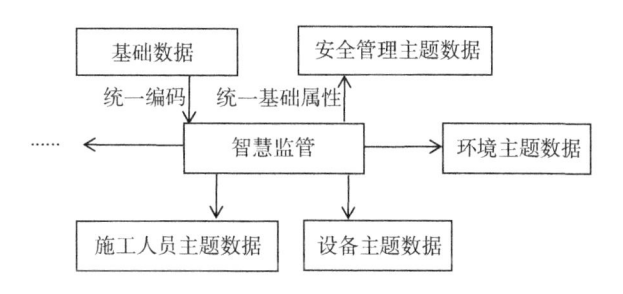

图 6-2 智慧监管业务主题数据模型

（5）共享服务构建。通过各业务专题数据分析和挖掘模型，生产具有共性需求的工程分析和挖掘产品，为构建业务应用、辅助决策、综合运维和公共服务提供产品数据服务。

6.2.2 工程建设数据采集

工程建设智慧化管理体系构建的根本在于工程建设数据的采集和汇总，如表 6-1 所示。

表 6-1 工程建设数据分类

序号	数据分类	数据内容	数据来源	格 式	更新周期
1	用户管理数据	包括单位、项目、标段、管理组织、系统用户管理基础信息等	数字门户	结构化数据	一次/日定期更新
2	工程项目管理数据	包括单位工程、分部工程、单元工程、合同基础数据等	工程项目管理系统	文本、表格、文件和其他特定格式数据	实时更新
3	安全监测数据	基础安全、安全管理、安全教育、隐患排查、应急管理	安全监测信息系统	文本、表格、文件和其他特定格式数据	实时定期更新
4	质量检测数据	质量检查、质量验评、施工材料质量管理数据	质量检测系统	时序、文本、表格和其他特定格式数据	实时更新
5	征地移民数据	征地、移民进度数据、征地、移民类资金数据	征地移民系统	文本、表格、文件和其他特定格式数据	一次/日定期更新
6	施工监管数据	基础监管、车辆监测、施工设备监测、现场质量辅助监测、环境监测	智慧监管系统	视频、时序、文本、表格和其他特定格式数据	实时更新

续表

序号	数据分类	数据内容	数据来源	格　式	更新周期
7	环境保护数据	地表水质监测、地下水质监测、水污染排放物信息、生活及工程污水排放信息、空气监测、放射性监测	环保监测系统	时序、文本、表格数据和其他特定格式数据	实时更新
8	水土保持数据	渣土组成、渣土去向、渣土资源化利用、表土保护情况、土地扰动过程整治、土地扰动完工恢复	水保监测系统	文本数据、表格数据和其他特定格式数据	实时更新
9	GIS数据	基础地理信息、专题地理信息、专题业务信息	设计单位、施工单位及其他单位	TIFF、IMG、SHP(几何信息)、DBF(属性信息)、文本数据、表格数据和其他特定格式数据	半年更新
10	BIM数据	设计BIM模型、施工深化模型、竣工模型、监测设备模型、辅助监测设备安装的设施模型	设计单位、施工单位及其他单位	模型文件、审核文件、库文件、媒体文件、办公文件	每月更新

6.2.3　工程建设数据治理

基于所采集的多源工程建设数据,我们可进一步开展数据治理。具体而言,工程建设数据治理的过程是从水资源配置工程各业务对工程数据资源的需求出发,依据数据应用范围和关联关系,针对现有业务视图建模、语义空间不一致的数据资源,利用数据库开发技术、ETL数据技术、质量控制技术等数据治理技术完成数据归一化处理,整合形成统一数据标准的数据资源池。数据资源采集治理流程如图6-3所示。

数据资源池的具体构成和应用如图6-4所示。数据资源池的构建以智慧建管、智慧监管、智慧生态、办公自动化等应用为导向,按照统一的标准规范和数据模型,开展多源数据抽取、清洗、比对、转换等数据整合治理,形成具有权威性、完整性、准确性的工程数据核心资源,经过多源数据融合、多业务主题的加工制作,形成满足不同业务需求的服务数据。

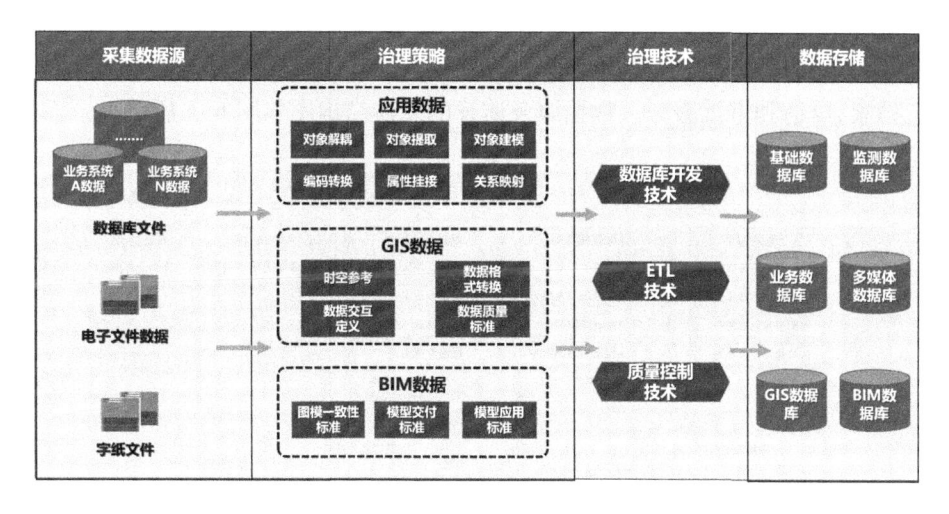

图 6-3　数据资源采集治理流程图

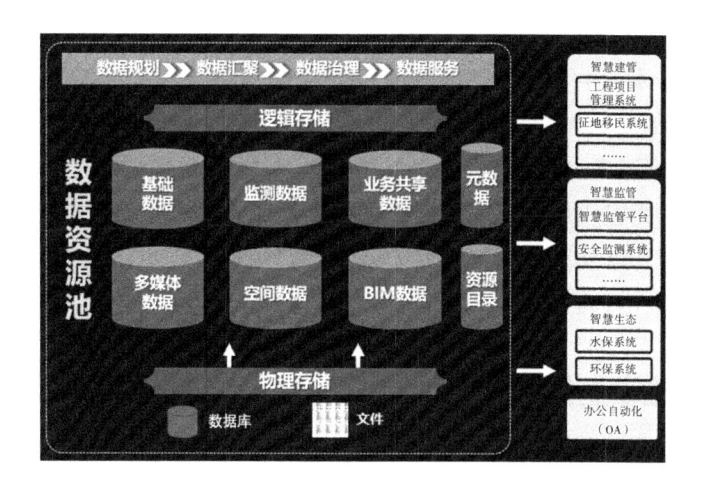

图 6-4　数据资源池的构成与应用

6.2.4　工程建设数据服务

数据服务体系的建设,可构建各类数据访问、分析能力的服务能力中心,为数据访问实现更加标准化、松散化的接入能力。同时基于业务服务能力,可以大大简化应用开发工作量,进一步发挥数据的价值。数据服务体系应面向应用层的智慧监管、工程项目管理、安全监测、质量检测、工程数字门户及 BIM+GIS 辅助决策等系统,提供数据资源池涉及的各类数据资源的共享、交换、存储和访问功能。

数据服务遵循统一服务管理标准,通过数据资产管理平台的数据注册服务,对所涉及的各类基础数据、监测数据、业务数据、空间数据、BIM 数据等进行统一的服务注册、发布和管理,最终形成标准规范统一的服务资源目录对外提供展示、检索、申请和审批服务。数据服务体系的总体结构图如图 6-5 所示。

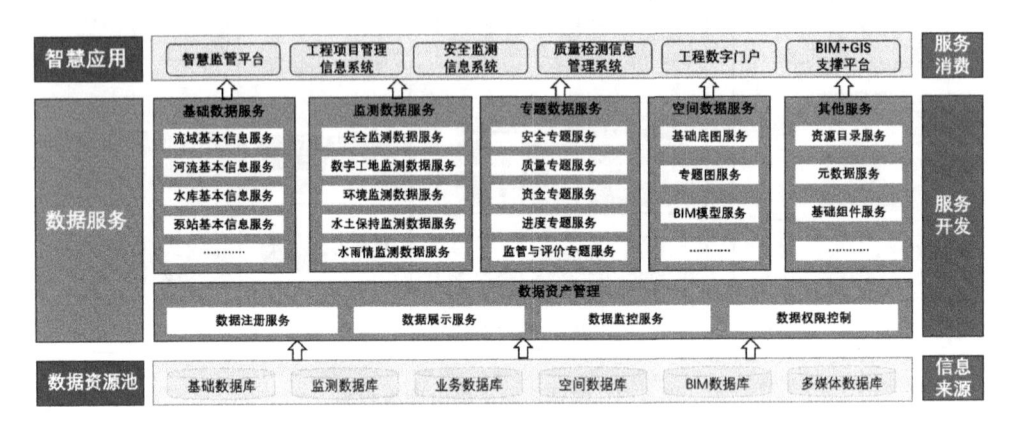

图 6-5　数据服务体系总体结构图

数据服务体系主要包括基础数据服务、监测数据服务、专题数据服务、空间数据服务、其他服务及数据资产管理 6 个部分。其中,基础数据服务、监测数据服务、专题数据服务、空间数据服务为应用层各类应用提供核心业务数据的支撑。其他服务为应用层各类应用提供基础通用性的功能支撑。数据资产管理为数据资源池配套新建的各类数据服务以及各应用系统按照标准改造后的数据服务提供注册、展示、监控、访问权限的管理。

6.3　工程建设立体感知

为实现对工程建设的多层面、多尺度、全方位立体感知,大型水资源配置工程应建立符合自身特点的工程建设数字孪生,实现物理世界信号的智能感知,并在虚拟世界中叠加和直观呈现,从而方便管理者在第一时间、多尺度、多视角把握项目实施情况。工程建设立体感知整体架构如图 6-6 所示。宏观层面上,它将全面把握与建设息息相关的质量态势、安全态势、进度态势和资金态势;微观层面上,它直观展示施工现场设备、施工人员状况和现场环境等要素。

6.3.1　基于 BIM+GIS 的工程建设态势感知

BIM 技术应用主要包括以下两个方面:①BIM 模型的创建及应用。主要包括 BIM 模型创建、BIM 基础性应用、施工 BIM 应用等内容。②基于 BIM+GIS 的集成应用,主要包括支撑平台与辅助决策系统的搭建,以及基于 BIM+GIS 的专题应用。

图 6-6　工程建设立体感知整体架构

在 BIM 模型的创建及应用方面,须建立以 BIM 数据为核心的多维数据管理支撑平台,满足工区、标段及工程全线数据管理需要。通过数据转换工具(插件形式)将各主流 BIM 建模软件数据格式进行解析和原生转换,生成自主、可控的轻量化数据格式,完整保持模型原始精度,实现了多源异构的整合统一。一次数据转换,可同时应用于基于浏览器的 BIM、BIM＋GIS 引擎的超大体量加载,以及在基于 Unity 3D 深度定制的 VR(虚拟现实)、AR(增强现实)等引擎中直接应用,满足了一个模型格式支持多个场景应用的要求,实现"一模多用"。

在 BIM＋GIS 系统平台的集成方面,GIS 和 BIM 可配合使用,如图 6-7 所示。首先,GIS 服务器实现按各业务系统应用需求灵活定义的 GIS 应用

图 6-7　BIM＋GIS 协同平台

服务，支持将矢量、栅格及目前流行的倾斜摄影及点云数据集成，其次，开发面向 BIM 数据的数据匹配及调度服务，实现跨区域的空间信息、模型信息以及相关工程数据的集成，从而形成承载并管理工程的空间和设施全要素全过程信息的基础平台，以结构化和轻量化后的 BIM 数据为核心，建立起与 GIS、二维、文档及业务系统的多维度数据的融合；在统一编码的基础上，实现对 BIM 几何信息、属性信息和过程信息的动态管理。

基于 BIM+GIS 平台，可实现面向大型水资源配置工程数据的多层面、多尺度、全方位立体感知，具体包括如下宏观感知和微观感知两个层面：

（1）宏观感知。宏观层面上，将全面把握与建设息息相关的安全态势、质量态势、进度态势和资金态势。

① 安全态势。采用逐级深入的方式从工程级、标段级、工区级、构件级 4 个维度对安全态势和安全监测信息进行统计分析，满足各级用户对安全业务的需求。

② 质量态势。采用逐级深入的方式从工程级、标段级、构件级 3 个维度对质量目标、质量验评、质量事故、质量预警、质量考核、原材料追溯流程等内容进行汇总统计，满足各级用户对质量业务的需求。

③ 进度态势。采用逐级深入的方式从工程级、标段级、构件级 3 个维度对施工进度管理信息进行统计分析，满足各级用户对进度管理业务的需求。

④ 资金态势。采用逐级深入的方式从工程级、标段级、构件级 3 个维度对施工资金管理信息进行统计分析，满足各级用户对资金管理业务的需求。

（2）微观感知。微观层面上，直观展示施工现场设备状况、施工人员状况、现场环境等要素。

① 盾构/TBM 可视化场景。基于 BIM+GIS 支撑平台的盾构与 TBM 设备状态跟踪系统集成，以 BIM 模型和 GIS 数据为载体，在可视化三维系统下，接入施工单位设备自动感知数据，获取盾构与 TBM 设备的状态数据以及视频监控数据，实时反馈盾构机的掘进姿态以及设备的运行状态，指导地下掘进工作，同时辅助地面工程师调配生产资源；分析设备的高效运行数据区间，及时预存提供备品备件，为工程制定各类型地层与工况掘进预案提供支持，保障设备低损耗高效运行，为掘进工作提供安全、快速、直观的调度、监管平台。

② 地下工程与地面设施可视化场景。结合 BIM+GIS 支撑平台，建立地下工程施工状况的可视化应用场景，向各施工单位、监理单位、业主等用户，实时展示当前施工区的空间位置及周边环境，将相应的情况预先告知施工单位，方便制定及时、可靠的专项施工方案，同时在地面交叉建筑物附近或影响范围相关区域布设监测设备，结合预案及时监控并提前预警，做到地下施工与地面防范双向结合，有效防止突发事件产生。

6.3.2 基于虚拟现实的工程建设现场感知

我们通过综合采用虚拟现实技术、5G 技术、BIM 技术,可实现对工程建设现场的第一人称视角的逼真呈现。各技术实施的过程中,首先利用现场倾斜摄影、BIM＋GIS 等技术,施工单位制作如图 6-8 所示的三维全景电子模型,支持在模型中查看项目情况,了解工程区域地形地貌、工地建设面貌等信息,并通过关联 GIS 进行直观展示。

图 6-8 三维全景电子模型

在 BIM＋GIS 系统的基础上,基于虚拟现实的遥操作系统,我们利用交互设备操作虚拟设备和远端设备,通过相关程序对虚拟设备进行实时更新,并显示给操作人员观看,使操作人员能够直观、高效地完成远程作业任务。同时利用 5G 传输技术,实现低延迟数据传输,提升遥操作系统的稳定性和可操作性。5G 技术具有超高的频谱利用率和能效,在传输速率和资源利用率等方面较 4G 移动通信技术提高一个量级,其无线覆盖性能、传输时延、系统安全和用户体验方面功能明显提高。对于工程场景下,海量传感设备及机器与机器通信的支撑能力将成为系统设计的重要指标之一。5G 系统具备充分的灵活性,具有网络自感知、自调整等智能化能力,在远距离遥控操作任务中可通过 5G 技术实现低延迟感知和操作,通过 BIM＋GIS 体系中的感知层实现精确控制,同时利用虚拟现实技术,可以保证远端真实作业与本地虚拟环境的一致性。

6.3.3 基于无人机的工程建设现场感知

无人机作为一种新型数据采集工具,具有空中操作和自动化优势,在工程建设领域的应用中具有"快速高效、体积小巧、操作简便、覆盖面广、功能面全"等特点,可以实现实时实地跟踪监控,在提高效率的同时,不仅可以节省人工、费用,还可以辅助人工做一些高危险性工作。随着制造成本的降低和技术的快速发展,无人机的使用在工程建设领域(特别是大型基础设施工程建设)中具有一定应用优势。无人机在工程建设领域中的应用如图6-9所示[1]。

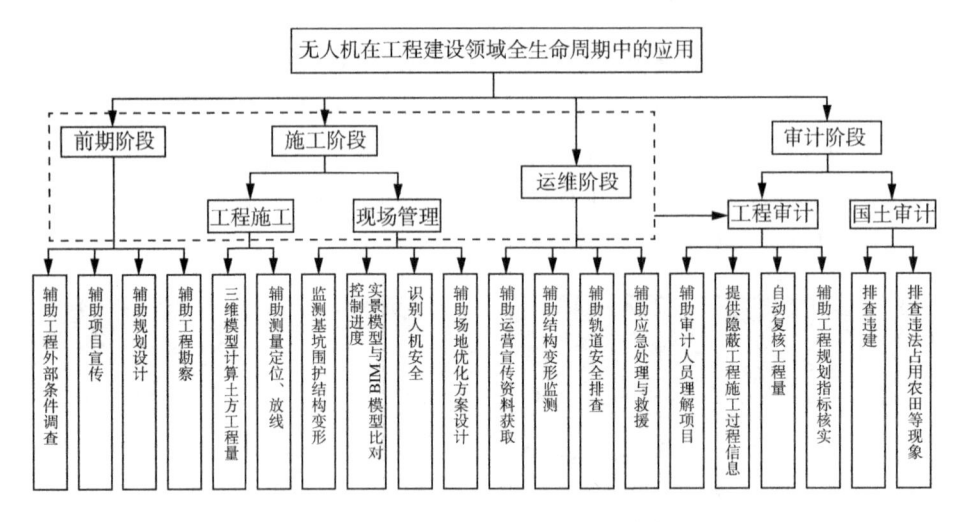

图6-9 无人机在工程建设领域中的应用

（1）前期阶段。无人机具有在高空、视野开阔的优势。在前期阶段，无人机主要集中应用在项目宣传、规划设计、工程勘察等方面。除此之外，无人机通过航拍工程周边环境的高精度影像，也可以快速获取周围原有建筑物信息（包括道路、水利设施等），从而提高工程外部条件调查工作的效率。

（2）施工阶段。如图6-10所示，我们可借助无人机对工程区采用多点、多角度环视拍摄方式，在 GIS 底图基础上，叠加影像，并进行全景图像拼接，同时结合 BIM 模型，形成项目重点区域的三维虚拟地面场景，为项目施工调度演练提供数据支撑。

图6-10 无人机在工程建设中的应用

(3)运维阶段。在工程运维阶段,无人机除了常见的利用影像信息辅助运营宣传以外,也可以自定义飞行路线,结合智能识别技术,辅助维护维修、日常安全巡视和应急处理等工作的开展。

(4)审计阶段。结合无人机航摄技术和三维建模技术,我们可以获取大型水资源配置工程竣工全景图、竣工模型及其竣工测绘数据。

6.4 工程建设数据智能分析

充分利用数据资源池中所采集的各种模态的工程建设数据,最大化数据效用,是工程建设信息化管理体系智慧化的重要体现。根据智能分析的必要性和有效性,可将表 6-1 中的工程建设数据归纳为可供智能分析的以下 4 类基础数据:

(1)工程建设时序数据。即工程建设中所采集的随时间变化的各类信号,包括关键设备监测数据、搅拌站监测数据、质量检测系统数据、环境监测数据、安全监测数据等。

(2)工程建设影像数据。即工程建设中通过摄像头采集到的视频或者图像,包括工场监控数据、车辆监控数据等。

(3)工程建设时空轨迹数据。即工程建设中所采集到的运输车辆轨迹、人员轨迹等。

(4)工程建设文本及表格。即工程建设中所采集到的文本非结构化数据、表格结构化数据等。

6.4.1 工程建设时序数据智能分析

时序数据是指时间序列数据,是统一指标按时间顺序记录的数据序列。时序数据的显著特点是具有时间维度,描述某特定状态随时间变化的情况。在工程建设数据中,存在着大量来自不同设备、传感器和信息系统的时序数据。时序数据智能分析对这些工程建设时序数据的应用包括以下方面:

(1)关键设备监测时序数据分析。如图 6-11 所示,通过物联网平台实时采集盾构机、配电箱、龙门吊、塔吊、升降机等关键设备运行数据,发现异常实时报警;同时,通过对设备的历史时序数据进行智能分析,对设备性能、可能出现故障进行预测、预报。

(2)搅拌站监测时序数据分析。如图 6-12 所示,以图表形式对实时监测搅拌站的生产拌合数据进行可视化统计展示,并依据预设的投料参数进行异常分析,发出预警通知。

图 6-11　关键设备监测时序数据分析

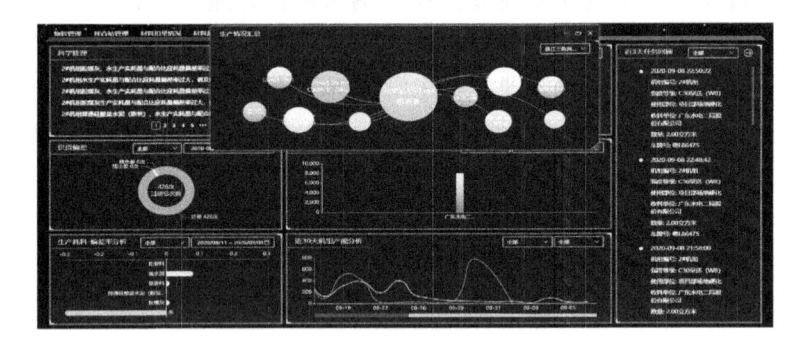

图 6-12　搅拌站监测时序数据分析

(3) 质量检测时序数据分析。实现见证取样、试验见证、检测报告自动生成、质量异常分析和预警。通过严格落实三检(施工单位自检、监理平行检、第三方对比检)制度,实现质量检测数据的实时、真实分析。

(4) 环境监测时序数据分析。通过物联网平台实时采集各施工标段温度、湿度、$PM_{2.5}$、PM_{10}、噪音等空气质量监测指标和噪音监测指标,对出现超标的数据分层分级实时报警和及时整改,为打造生态文明工地提供系统支撑。

(5) 安全监测时序数据分析。通过无缝连接安全监测仪器及采集设备,获取监测时序数据,融合安全监测理论与方法,为工程安全监测采集、管理、分析、决策支持提供功能完备、实用可靠、技术先进的信息管理平台,为保障工程建设及运行安全提供重要的技术支撑。

6.4.2　工程建设影像数据智能分析

工程建设所采集的视频、图像主要来源于工场视频监控数据、运输车辆视频监控数据等。通过采用基于人工智能的视频分析技术,我们可从视频图像中提

取出有意义的目标和关注的事件,辅助工程建设智慧化管理。具体而言,智能视频分析技术包括如下应用场景:

(1)基于智能视频分析技术的工地状态智能监控。如图 6-13 所示,利用智能监控系统在营地和施工工区布置安装球形或枪型监控器,将监控视频上传至智慧中心监控平台,做到营地和施工现场"全覆盖,无死角"监控。该系统具备云台控制、录像回放等基础功能,并基于视频智能分析技术实现人员身份辨识、禁区识别、安全帽识别、异常事件检测、违规行为抓拍等功能。

图 6-13 工地视频监控

(2)基于智能视频分析技术的运输车辆状态监控。如图 6-14 所示,通过车载监控系统,监控指挥中心获取车载监控系统上传的定位和音视频数据,实时对车内外的环境进行场景分析、异常事件检测,结合报警数据、地理位置等信息快速了解现场情况,实现对突发事件的及时响应,并实现对作业车辆工作过程的实时监控、定位和指挥。

图 6-14 车辆监控

6.4.3 工程建设时空轨迹数据智能分析

时空轨迹数据是指移动目标在空间中运动的时空序列。工程建设所采集的时空轨迹数据主要来源于运输车辆轨迹和施工人员轨迹,具体而言它们包括如下场景:

(1) 基于时空轨迹分析的来料运输状态感知。通过 GPS 定位功能对运输车辆的位置、轨迹进行实时监控,分析砂石料、混凝土、盾构管片等原材料或产品的运输时空轨迹,实现事前预警和事后分析:① 对异常轨迹进行判别和预警;② 当原材料到场验收不合格时,追溯源头,查明原因。

(2) 人员轨迹分析。如图 6-15 所示,监测系统及时、准确地将各个隧洞施工人员及设备的动态情况反映到地面计算机系统,使管理人员能够随时掌握施工人员、设备的分布状况和每个施工人员的运动轨迹,以便于进行更加合理的调度管理,促使工程建设的安全生产和日常管理更加合理。同时智能轨迹分析算法,可对异常轨迹进行判别和预警,对人员的工作效率进行分析。

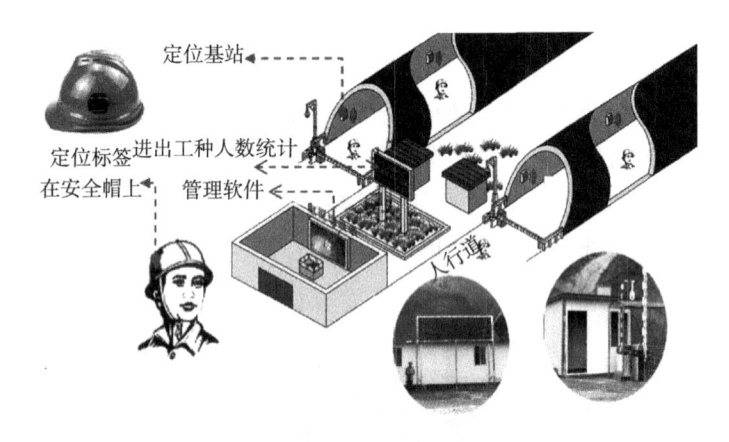

图 6-15 人员轨迹监测

6.4.4 工程建设文本及表格数据智能分析

工程建设在推进过程中将会产生大量的项目管理数据,主要包含以下两种类型:

(1) 各类项目文档中包含的非结构文本数据或其他特定格式的文件。包括设计图纸、招标方案、招标文件、合同文件、进度记录、事件日志等。

(2) 结构化的表格数据。包括人员信息、设备信息、合同结构化信息、施工过程结构化信息等。

针对此类数据的主要分析手段如下:

（1）基于数据库的 SQL 关系查询。根据查询条件组合，对表格数据进行查询。

（2）全文信息检索。根据关键字进行精确或模糊匹配检索，获得相关文件和数据。

（3）文本结构化。对项目文档中的非结构文本数据进行自然语言理解分析，抽取关键数据，形成结构化表格数据。

（4）智能问答。针对用户提出的问题进行语义解析，通过关联信息检索系统获取相关答案，并以自然语言的方式重新组织人机友好答案。

6.4.5 多模态数据关联分析

随着项目的推进，大型水资源配置工程建设所产生的多源、异构数据将累计达到空前规模。如何最大化数据效用，充分利用积累的历史数据优势，挖掘关联模式，对实时信息进行分析、预警和辅助决策是目前亟待解决的难题。

如图 6-1 和表 6-1 所示，数据资源池中所采集的数据，在数据形式上既包括结构化表格数据，也包括非结构化的视频、文本数据；从数据时空维度上，既包括时序数据，也包括空间相关数据；从数据尺度上而言，既包括大范围的宏观态势数据，也包括小范围的施工现场数据；从所涉及的数据对象上，涵盖了设备、人员、征地、资金、进度、环境等要素。图 6-16 展示了一个混凝土搅拌的场景实例，图中罗列了该场景所涉及的各类数据。数据的多样性一方面增加了协同处理的难度，另一方面也为融合创新带来新的机遇。

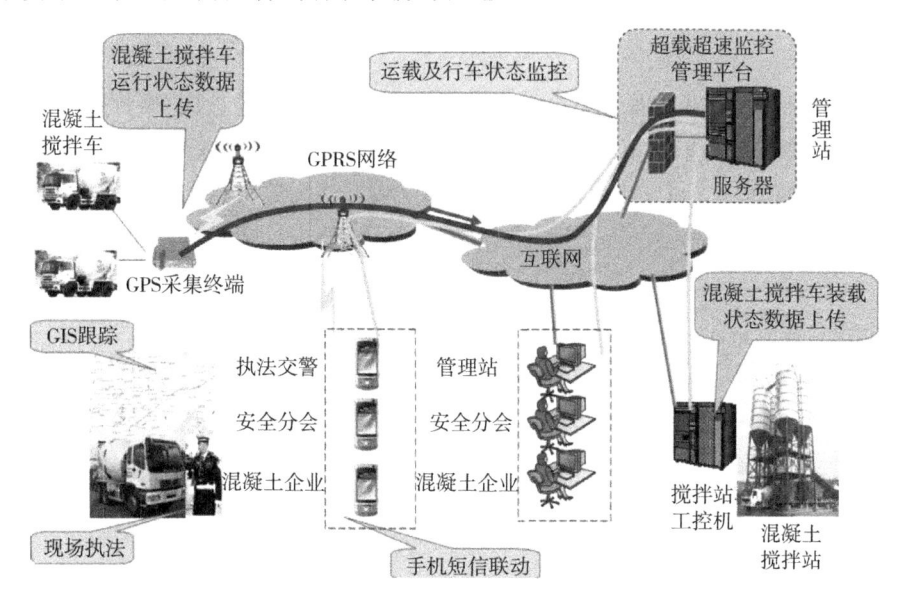

图 6-16 混凝土搅拌相关场景

为充分挖掘数据的关联性,发挥数据的效用,可采用基于事件图谱的多源信息融合技术实现数据之间的关联性建模,并发挥事件发现、关联分析、预测推理和辅助决策的作用。下文的内容将围绕关联分析的核心技术展开讨论。

6.4.5.1 工程建设事件图谱的构建

在大型水资源配置工程的建设管理过程中,所关注的信息单元可以归结为事件,即是在某个特定的时间、特定的地点,由若干个相关角色参与的一件事情或者一组事情。工程的推进可以看成是由一系列的事件构成,管理的抓手就是感知、分析、推演这些事件,并基于其做出进一步决策。例如,在施工材料的生成过程、运输、组装、现场施工每个环节都会产生一系列相关联的事件,而事件图谱则是一种基于事件的知识图谱。如图 6-17 所示,图谱以事件和相关的实体作为顶点,连线反映事件之间的逻辑关系,包括时序关联、因果关系、空间关联、实体关联等。

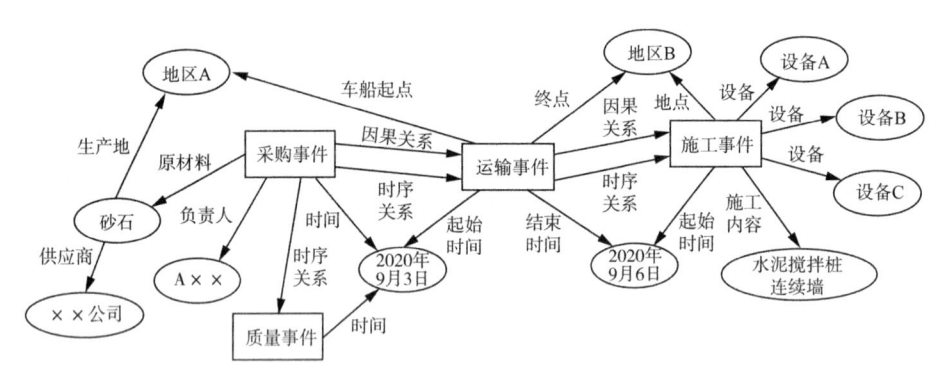

图 6-17 工程建设事件图谱

事件图谱的构建过程如图 6-18 所示。针对不同类型的数据,事件图谱构建采用相应的数据清洗、对齐、事件抽取、事件关联的过程,实时获取并保存实时更新的事件数据库。其中,结构化数据是指来自数据资源池中的结构化表格数据,该类数据涵盖了设备、人员、征地、资金、进度、环境要素等诸多信息,具备规范定

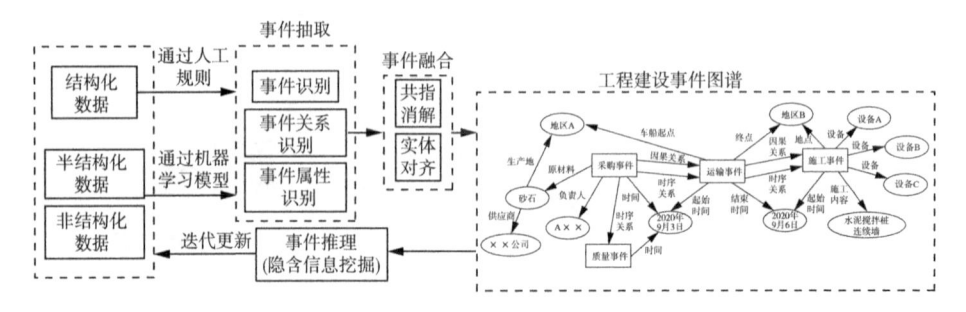

图 6-18 工程建设事件图谱构建过程

义的数据模式,可通过既定的人工规则,抽取(时间、空间、对象、属性)要素,萃取关注事件。非结构数据包括文本日志、监控视频、传感器信号原始时序数据等。非结构数据具有规模庞大、价值密度低的特点,无法直接用作事件图谱,须经过机器学习模型,抽取特征并提取受关注事件。如表6-2所示给出大型水资源配置工程相关的典型事件类型、数据来源和示例,其中包括施工事件、环境事件、质量事件、进度事件等方面。

表6-2 大型水资源配置工程相关的典型事件

事件类型	数据来源	示 例
施工事件	施工日志数据、工地基础数据	××年×月×日,现场人员有××,××,××,施工设备包括××,××,××,主要材料有××,××,××,主要施工内容为××××××。
环境事件	环境监测站数据	×地×时水位监测数据异常,超出正常值,发出汛期预警。
质量事件	质量检查数据、质量验评数据、施工材料质量管理数据	在×时对×单位工程进行质量验评情况。
进度事件	进度基础数据、进度计划数据、进度报警数据	××年×月,关键线路盾构始发,提前5天。

在所抽取事件基础上,可以给事件之间构建以下几种类型的关联:

(1)时空关联。事件之间因为发生在相近的时空范围内,可建立对应关联关系。例如施工现场事件和周边环境要素的关联。

(2)逻辑关联。事件之间存在逻辑先后关系。例如材料的出场事件和运输事件之间的逻辑先后关系。

(3)实体关联。事件和相关的实体之间的关联,以及事件之间通过实体建立的间接关联。例如同一个施工事件和对应关联的人、设备、材料、实体之间的关联。

(4)统计关联。事件之间的统计关联关系。

6.4.5.2 基于工程建设事件图谱的多视角异常自动发现

异常事件是一类特殊的事件,该类事件往往具有发生频次低、带来负面影响大的特点,是数据管理中需要重点监测的对象。传统的异常监测方法是针对单一数据来源的数据异常分析,容易发生遗漏,出现以偏概全的现象。基于事件图谱的异常监测,可以提供多视角、多尺度更加全面的异常事件发现,具体而言,从以下两个层面着手异常监测:①基于某特定数据来源的异常监测,通过机器学习手段,从原始数据中提取小颗粒度异常事件;②融合多个信息源,关联分析多个事件,发现较大时空尺度的粗粒度异常事件。

6.4.5.3 基于工程建设事件图谱的事件溯因

所发生的特定事件,可利用事件图谱迅速获得事件相关的实体和事件,分析事件发生的潜在原因,自动形成事件关键发展脉络,并能以如图 6-19 所示的图谱形式展示给用户。用户可沿着事件的发展脉络,进行多层次、多视角的事件探究,分析事件内部的细节。系统也可以根据预先内置的知识库,基于异构图分析技术,对事件的关联度进行度量,辅助用户快速排查事件的原因。基于事件图谱的事件溯因具有高效、全面的特点,极大提高事件响应效率。

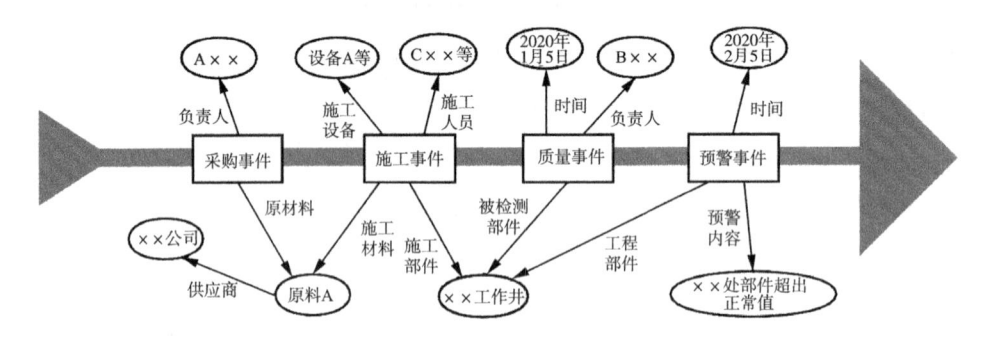

图 6-19 事件脉络图谱

6.4.5.4 基于工程建设事件图谱的事件推理

所谓事件推理是指基于事件之间的逻辑关系以及历史事件图谱中所揭露的事件之间的关联规律,对当前所发生的事件进行合理推理,以达到辅助决策管理的目的。具体而言,事件推理主要包括以下 4 个方面的内容:

(1)时序关联预测。根据当前发生的事件,推演事态的进一步发展,给出未来潜在发生的事件和发生概率。例如:根据工场当前的事件预测其对未来进度的影响。

(2)空间关联预测。根据当前发生的事件,推演其引发的同一施工场所或周边环境的相关事件。例如:根据某个设备事件,预测分析其对同一工地的其他设备或人员的工作调度带来的影响。

(3)实体关联预测。根据当前发生的事件所涉及的实体,推演相关事件的发生概率。例如:根据某个建筑材料的质量事件,推演应用该建材的工程项目的安全事件。

(4)复合关联预测。可综合应用上述多种预测,构成复合多跳预测,探索在更大的时空尺度下事件的发展态势,还可以结合 BIM+GIS 可视化呈现系统,在一张图上直观呈现事件的发展态势,有效实时展示事件的演化、预警,达到辅助决策、最大程度降低严重事件发生概率的目的。

6.5 工程建设智慧化管理系统应用

在前述工程建设数据综合治理、立体感知、智能分析的基础上，工程建设智慧化管理系统通过制定统一的应用服务接口，实施跨平台多终端融合展示，全方位、实时展现项目推进的细节以及智能分析的结果；系统还可面向大型水资源配置工程建设管理需求，实现 BIM＋GIS 展示、项目管理、智慧监管、征地移民管理、安全监测、质量检测、水保监测、环保监测等核心功能。下文将对各个应用核心功能进行阐述。

6.5.1 基于 BIM＋GIS 的工程建设全局展示

如图 6-20 所示是基于 BIM＋GIS 的工程建设全局展示，主要包括以下核心功能：

图 6-20 基于 BIM＋GIS 的工程建设全局展示

（1）工程数字门户。实现所有业务应用的统一管控，实现工程关键信息的统一聚合，实现不同层级的信息视图。

（2）辅助决策应用。应用 BIM＋GIS，利用数据资源池，实现安全、质量、进度、资金态势感知与分析决策。

（3）监管与评价应用。利用数据资源池，实现政府与上级单位对工程实时的监管评价。

（4）BIM 专题应用。针对工程重难点，实现基于 BIM＋GIS 技术的盾构掘进、安全监测、VR/AR 技术专题应用。

6.5.2 项目管理

项目管理须以进度计划为龙头，以投资管控为核心，参建各方协力开展安全、质量、成本、进度、廉政的控制，提升工程建设管理效率，确保工程建设高效协同、管理合规，实现全角色、全流程、全过程管控。如图 6-21 所示，项目管理包括如下管理要素：

（1）设计管理。实现从图纸需求与供图计划的供需平衡管理。从设计单位

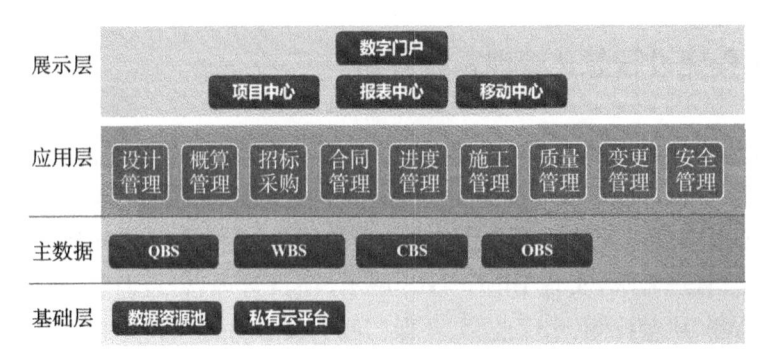

图 6-21 项目管理系统架构图

提交、设计监理审核，参建单位会审至图纸正式出版分发，实现对图纸的全生命周期在线管控。

（2）概算管理。对初设概算进行全面结构化数据管理，作为后续招标、签订合同、资金支付的数据基础。

（3）招标采购。招标立项开始至招标方案、招标文件、招标限价、评标办法至招标结果审批，实现招标采购的全业务流程线上管理。

（4）合同管理。实现概算、招标预算、签订合同、计量支付、变更计价、结算的全业务流程贯通和应用落地。

（5）进度管理。实现多级计划管理体系落地。

（6）施工管理。按照《水利工程施工监理规范》（SL288—2014）要求，将 57 项施工用表、47 项监理用表纳入系统数据结构化管理。

（7）安全管理。实现安全组织机构、安全目标、安全教育培训、安全隐患事故处理的全过程安全管控。

（8）质量管理。实现自合同验收至单位、分部、单元、工序验收的全面结构化和在线质量验评。

（9）变更管理。基于项目业主方变更管理办法，实现变更立项、变更指示、价格申报、现场签证的全过程变更管理。

6.5.3 智慧监管

智慧监管系统综合应用 BIM 技术和"云、大、物、移、智"等数字化技术带动施工现场管理，通过对施工现场"人、机、料、法、环、测"等各关键要素的全面感知和实时互联，实现工地的数字化与智能化，如图 6-22 所示。具体而言，智慧监管包括如下功能要素：

（1）三维电子沙盘。利用倾斜摄影、BIM、VR 等技术，施工单位制作三维全

第6章　大型水资源配置工程建设智慧化管理体系设计研究

图 6-22　智慧监管系统示例

景电子模型,可在模型中查看项目情况,了解工程区域地形地貌、工地建设面貌等信息,具体可实现三维线路导览、整体面貌把控、关键指标查询、施工资源清点等功能。

(2)视频监控。利用在营地和施工工区布置安装的球形或枪形摄像头,将监控视频上传至智慧监管系统,做到监控在营地和施工现场"全覆盖,无死角",且具备云台控制、录像回放、违法抓拍等功能。

(3)运输车辆监测。监控指挥中心根据车载监控系统上传的视音频数据、报警数据、地理位置等信息快速了解现场情况,实现对突发事件的及时响应,以及对作业车辆工作过程的实时监控、定位和指挥。

(4)人员定位。及时、准确地将各个隧洞施工人员及设备的动态情况反映到地面计算机系统,使管理人员能够随时掌握施工人员的分布状况和每个施工人员的行动轨迹,以便于进行更加合理的调度管理,促使工程建设的安全生产和日常管理更加合理。

(5)门禁管理。门禁管理系统与安全教育管理结合,采用人脸识别认证方式,未进行实名登记、未经安全教育的人员或不满足进入隧洞的人员均无法进入对应区域,未授权人员强行闯入会报警提示,实现对人员进出的有效管控。

(6)环境监测。对 $PM_{2.5}$、PM_{10}、空气、温度、湿度、噪音等环境量进行感知监测、统计分析,并通过系统进行监控报警管理。

(7)车辆进出管理。通过集成车牌识别、图像对比、路障拦截等技术,由电脑自动识别监控的方式实施对外来车辆有效监管,并抓拍车辆进出图片,可进行有效溯源。

(8)关键设备监测。对盾构机、配电箱、龙门吊、塔吊、升降机等关键设备的运行状态和数据进行实时监测、预警报警、统计分析。

(9)搅拌站监测。监控搅拌站生产的每盘混凝土的数据信息并与提前录入系统的工艺要求比对,当生产质量未达到规范要求时,系统自动预警。

6.5.4 征地移民管理

征地移民系统利用互联网技术，建立实物指标、补偿资料、资金管理、进度管理等业务数据库，形成以 GIS 地形图斑为查询中心的数据关联关系，并可采用无人机定期全景航拍，为工程征地移民情况、工区建设进展提供更精细、直观、便捷的展示平台。图 6-23 所示给出征地移民系统示例。

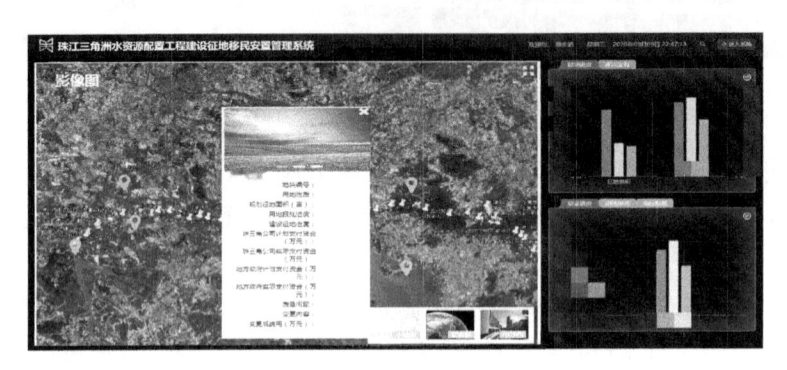

图 6-23　征地移民系统示例

6.5.5 安全监测

安全监测系统实现无缝连接安全监测仪器及采集设备，融合安全监测理论与方法，为工程安全监测采集、管理、分析、决策支持提供功能完备、实用可靠、技术先进的信息管理平台，为保障工程建设及运行安全提供重要的技术支撑。图 6-24 给出安全监测系统示例。

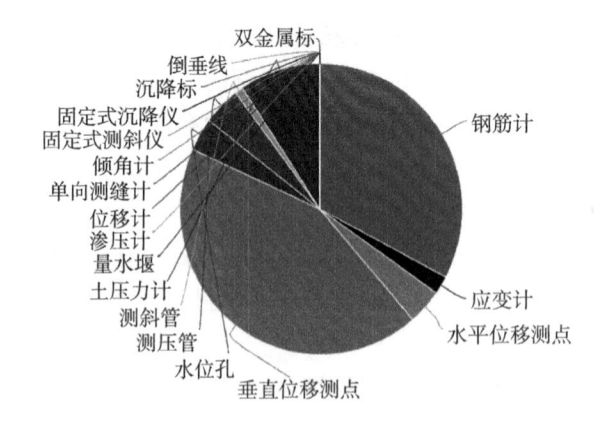

图 6-24　安全监测系统示例

6.5.6 质量检测

质量检测系统可实现见证取样、试验见证和检测报告自动生成,严格落实三检(施工单位自检、监理平行检、第三方对比检)制度,实现质量检测数据的实时、真实分析。如图 6-25 所示给出质量检测系统示例。

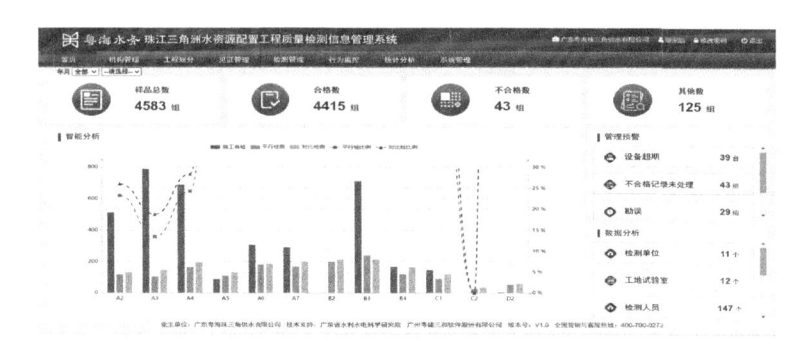

图 6-25 质量检测系统示例

6.5.7 水保监测

水保监测系统按照"预防为主、保护优先、全面规划、综合治理、因地制宜、突出重点、科学管理、注重效益"的水土保持方针,为管理部门全面快速了解和掌握工程的水土流失和治理情况,为水土保持措施的宏观决策提供科学依据,提升水土保持措施实施的质量和效率。如图 6-26 所示给出水保监测系统示例。

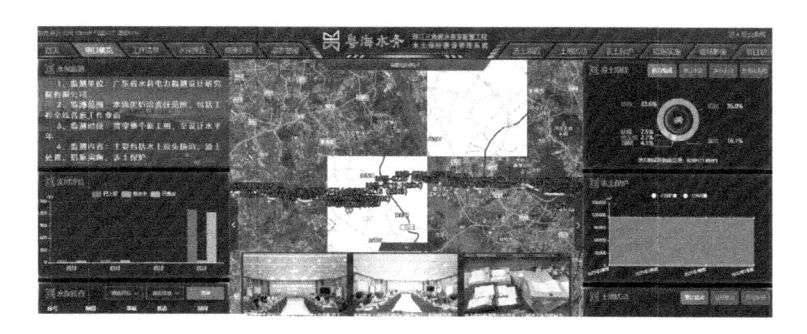

图 6-26 水保监测系统示例

6.5.8 环保监测

环保监测系统利用信息化手段实现环保监测的科学化、规范化、精细化管理,为常规管理和决策支持提供高效环境保护信息服务,对开展生态环境数据采集、水质分类评价、建立健全水利环保监控体系具有重要意义。如图6-27所示给出环保监测系统示例。

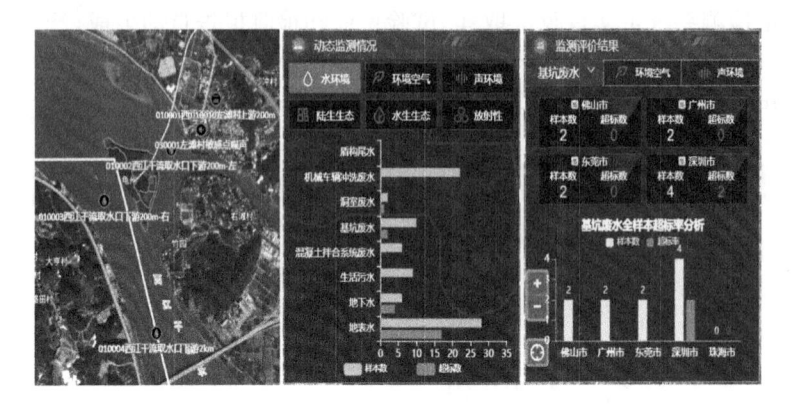

图6-27 环保监测系统示例

6.6 本章小结

本章针对大型水资源配置工程建设的项目需求,给出了智慧化管理体系结构,并自下而上探讨了工程建设数据集成、工程建设立体感知、工程建设数据智能分析、工程建设智慧化管理应用四方面问题,详细阐述了智慧化管理体系的核心技术和应用场景。该智慧化管理体系综合利用大数据、人工智能、云计算、物联网、5G、虚拟现实、无人机等技术,实现工程建设复杂多源异构数据的采集、感知、分析、可视化,有效提供智能决策辅助。

参考文献

[1] 周红,洪娇莉,林树枝.无人机技术在工程建设领域的应用研究[J].工程管理学报,2019,33(4):9-14.

第 7 章

结论与建议

7.1 结论

7.1.1 主要结论与创新

(1) 现在大型水资源配置工程建设日益普及,而建设管理模式具有其特殊性。广东省乃至全国,水资源在时空分布上很不均衡,解决这一问题的重要方法是建造专门的水资源配置工程,以保证缺水地区用水安全以及水生态和水环境。已建和在建的大型水资源配置工程表明,其与枢纽工程相比,单体工程规模一般不算太大,但沿线分布数十千米乃至数百千米,跨县(区)甚至跨设区市,少数还跨省,工程结构类型多而复杂,建设工期长,影响范围广,特别是征地/拆迁任务重,建设过程不确定影响因素多、风险大。如何合理分配工程建设风险,如何构建项目实施责任主体,提升项目顶层治理水平,如何组织项目实施管理,如何应用现代信息技术以提升项目建设管理水平,这些问题均值得深入研究。

(2) 大型水资源配置工程建设模式需要科学设计。国内大型水资源配置工程建设实践/现状调研表明,各项工程建设管理模式并不相同。这在理论上解释为:每个大型水资源配置工程结构各具特点,建设功能目标存在差异,建设自然环境不同,工程所在地和受水区经济社会发展水平不一,建设投资主体各异,建设管理模式理应存在差别。这向人们提出了一个命题:大型水资源配置工程建设并不存在一个统一的模式,其与工程结构类似,需要根据建设各工程特点、建设环境等因素进行科学设计,并提出具有特色的、优化的建设管理模式。

(3) 不确定是风险之源,对大型水资源配置工程建设来说也同样如此。由于自然条件的不确定,工程建设中的工程结构、工程数量均可能存在发生变化的因素,即面临风险;由于建设市场供应价格的不确定,工程建设过程工程成本也不确定；由于气象水文因素的不确定,大型水资源配置工程的用户对水源的需求也存在不确定或风险。此外,在市场经济环境下,工程建设过程是一交易过程,并存在"先订货,后生产""边生产,边交易"的特点,这些因建设过程的不确定性而引发的风险在交易双方之间如何分配理应被人们重视；工程建设过程的风险不会传导至工程的用户。这些风险的合理分配被人们所关注。特别是 PPP 项目,政府与企业合作关系几十年,面临的风险则更大。对此,政府与企业在项目合作开始前要对项目建设和运维过程的风险讲究合理分配,而且要考虑项目实施一段时间后的再分配问题,以保证 PPP 项目的稳定运营。

(4) 大型水资源配置工程为公共项目,实行"政府主导,市场机制"的管理体制,这是我国几十年来这类工程建设管理经验的总结和科学概括。政府在这类公共项目的立项过程中起领导、组织、协调和决策作用。而在这类项目实施过程中,政府负责组建项目实施的责任主体(项目法人),对实施中的重大问题决策、负责协调建设环境和在建设投资上部分或全部支持。项目法人在政府授权和国家政策法规框架内,应用市场机制组织工程的设计、施工,完成建设任务。如何合理配置科学组建项目法人,并合理确定政府与项目法人的职责,这就是项目顶层治理结构设计问题。如何在项目顶层治理结构框架下,合理分配项目实施风险、合理构建对项目法人的考核激励机制,这是项目顶层治理机制问题。

(5) 科学组建项目法人是顶层治理的重要内容。项目法人是工程项目实施的主要责任主体。项目法人组织方式/属性、组织结构,以及专业人员的工程经验配置,对工程项目法人的管理效率,以及项目目标的实现程度均有较大影响。根据我国多年大型水资源配置工程建设管理的实践,可将项目法人分为企业型项目法人和事业型项目法人两类。项目法人选择何种类型,这与项目的经济属性(公益性为主,还是经营性为主)、工程运行管理采用的组织形式,以及政府承担项目建设的责任等方面相关,有必要系统考量,做出科学选择。

(6) 政府在大型水资源配置工程实施中负有重要责任。大型水资源配置工程属公共类项目,政府(省级或地市级)在项目决策过程扮演重要角色,包括项目相关各方[地市、县(区)或乡镇]利益的协调、项目方案的优化、项目建设资金的筹措等。在项目实施阶段,政府也要充分发挥作用,包括对项目实施过程重大问题决策(如重大工程变更方案的审批)、建设环境的构造(如征地拆迁、交通条件)等,以及对项目法人的考核激励和监督等。这其中,政府既要发挥主导或引领作用,把握项目发展方向,保证项目整体效益最大化或项目长远目标最优,又要充分放权、甚至为工程建设服务,充分发挥市场主体作用和积极性,提升工程建设效率。

(7) 合理设计大型水资源配置工程项目法人管理组织结构。大型水资源配置工程结构的重要特点是沿线分布,长数十千米甚至数百千米;子项工程单体的规模不一定特大,但种类很多,一些子项工程的地质条件也会十分复杂。针对这些特点,大型水资源配置工程的项目法人一般有必要实行"两层"管理体制,即项目法人内设管理职能部门,下设现场管理机构。内设管理职能部门应根据工程项目管理特点设置,充分考虑建设管理目标的特性、管理的时序和管理对象的空间位置,做到既不缺位,也不重复;下设现场管理机构宜围绕"现场"的管理而展开,将工程质量、安全控制的重点放在现场,将工程进度、合同管理基础数据获得放在现场。项目法人应充分利用现代信息技术,构建项目管理信息平台;通过该平台,将内设管理职能部门与下设现场管理机构连成整体,实现对项目目标的全面、高效的管理。

7.1.2 主要创新点

(1) 对大型水资源配置工程风险性开展了系统分析,针对风险性较大的大型水资源配置工程项目,提出了在采用 EPC 模式时风险分配的模型;针对大型水资源配置工程在采用 PPP 模式时,合作时间长,风险性更大的特点,提出了 PPP 项目风险分配原则和风险再分配的程序/方法,可为促进项目成功提供支持。

(2) 在分析大型水资源配置工程项目相关方的基础上,提出了项目顶层治理的理念,并进一步在定义项目顶层治理结构、治理机制内涵的基础上,提出了项目顶层治理结构设计理论和方法,以及基于代理-管家理论融合的项目顶层治理机制优化策略。

(3) 基于项目法人视角,在分析大型水资源配置工程项目管理特点的基础上,提出大型水资源配置工程项目法人管理组织结构应分内设管理职能部门和下设现场管理机构两个管理层面,并分别提出了项目法人单位内设管理职能部门和下设现场管理机构的方法。

(4) 给出了智慧化管理体系结构,并自下而上从工程建设数据集成、工程建设立体感知、工程建设数据智能分析、工程建设智慧化管理应用四方面,详细阐述了智慧化管理体系的核心技术和应用场景。

7.2 主要建议

传统水利水电工程主要功能是防洪、发电、灌溉,大型水资源配置工程相对较少,而进入新时代后,随着经济社会的发展,大型水资源配置工程成为重要的一类水利工程,全国"十三五"规划 172 项和"十四五"规划 150 项重大水利工程

中其占有较大比重。而不论是建设还是运维中,大型水资源配置工程特色明显,有必要对下列问题进一步深入研究:

(1) 项目发包组织方式研究。大型水资源配置工程项目沿线分布,为保证工程进度,提升项目投资效益,有必要也有条件分标段/合同实施。如何划分标段/合同,每一工程标段又采用何种发包方式(如设计施工相分离的 DBB 方式,还是设计施工一体化的 DB/EPC 方式),这些均需要系统研究。如,珠江三角洲水资源配置工程,分 15 个施工标段/合同,分 6 个施工监理标段/合同,分 4 个质量检测标段/合同,分 4 个安全检测标段/合同,均采用了 DBB 发包方式。对其中一些标段采用 DB/EPC 或全过程工程咨询方式能否更合理呢?作者没有做详细调查研究,因而不能下结论。

(2) 工程交易治理机制研究。大型水资源配置工程项目在实施过程中,一般存在多个标段/合同,项目法人与施工承包方、施工监理方等存在"一对多"的委托代理关系。由委托代理理论可知,项目法人可应用"锦标激励"方法对施工承包方、施工监理方等进行以物质为主的激励,而 20 世纪 50 年代在我国开展的社会主义劳动竞赛则是以精神激励为主。这两种理论/方法对人性假设不同,前者是"经济人"的假设,而后者是"社会人"的假设。事实上,在建设中国特色社会主义的征程上,这两种假设均有其局限性,有必要融合这两种假设,探索对施工承包方、施工监理方的激励机制,最大限度地调动他们的积极性和创造性。

(3) "党建进工地"的组织、工作方案研究。"党建进工地"是水利部 2021 年 6 月提出的要求,旨在以水利工程建设"党建进工地"为载体,把党组织建在项目上、把党旗插在工地上,围绕实现党的第二个百年奋斗目标和工程建设的具体目标,建设队伍、统一思想、凝聚力量。通过水利工程建设各参建单位及相关单位党组织的联建、理论联学、实践联动,凝聚党建合力,增强工地党建引领力,建设凝心聚力工地、讲究工匠精神的工地,以及建设文明、和谐、廉政工地,推动水利工程建设高质量发展。但如何组织,以及具体工作方案有待深入探讨。

(4) 大型水资源配置工程运维治理研究。这主要包括两个层面:一是大型水资源配置工程调度优化研究。大型水资源配置工程涉及范围较大,各用水户对水的需求具有不确定性,如何通过科学调度,在发挥工程最大作用的基础上,兼顾各方利益,使各方满意,这是值得研究的课题之一。二是政府与工程运行责任主体这一层面的治理研究。这主要问题是,政府如何对运行责任主体进行考核激励,调动其积极性和创造性,同时通过合理调整水价,兼顾工程运行责任主体与用水户的利益。